Memory

西方心理学名著译丛

# 记忆

〔德〕赫尔曼·艾宾浩斯 著　曹日昌 译

图书在版编目(CIP)数据

记忆/(德)艾宾浩斯(Ebbinghaus,H.)著;曹日昌译.—北京:北京大学出版社,2014.7
(西方心理学名著译丛)
ISBN 978-7-301-24353-4

Ⅰ.①记… Ⅱ.①艾… ②曹… Ⅲ.①记忆—研究 Ⅳ.①B842.3

中国版本图书馆 CIP 数据核字(2014)第 123588 号

| 书　　　名 | 记　忆 |
|---|---|
| 著作责任者 | [德]赫尔曼·艾宾浩斯 著　曹日昌 译 |
| 丛 书 策 划 | 周雁翎　陈　静 |
| 丛 书 主 持 | 陈　静 |
| 责 任 编 辑 | 陈　静 |
| 标 准 书 号 | ISBN 978-7-301-24353-4 |
| 出 版 发 行 | 北京大学出版社 |
| 地　　　址 | 北京市海淀区成府路 205 号　100871 |
| 网　　　址 | http://www.pup.cn　新浪微博:@北京大学出版社 |
| 微信公众号 | 通识书苑(微信号:sartspku)　科学元典(微信号:kexueyuandian) |
| 电 子 邮 箱 | 编辑部 jyzx@pup.cn　总编室 zpup@pup.cn |
| 电　　　话 | 邮购部 010-62752015　发行部 010-62750672　编辑部 010-62707542 |
|  | 出版部 010-62754962 |
| 印 刷 者 | 北京虎彩文化传播有限公司 |
|  | 720 毫米×1020 毫米　16 开本　10.25 印张　100 千字 |
|  | 2014 年 7 月第 1 版　2024 年 11 月第 5 次印刷 |
| 定　　　价 | 48.00 元 |

未经许可,不得以任何方式复制或抄袭本书之部分或全部内容。
版权所有,侵权必究
举报电话:010-62752024　电子邮箱:fd@pup.cn

# 目 录

| | | |
|---|---|---|
| 中译本序 | …………………………………… | (1) |
| 著者序言 | …………………………………… | (1) |
| 第一章 | 我们的关于记忆的知识 …………………… | (1) |
| 第二章 | 扩大我们关于记忆的知识的可能性 ……… | (8) |
| 第三章 | 研究方法 …………………………………… | (25) |
| 第四章 | 所得平均数的应用 ………………………… | (39) |
| 第五章 | 音节组的长度和学习速度的关系 ………… | (54) |
| 第六章 | 记忆保持和诵读次数的关系 ……………… | (61) |
| 第七章 | 保持与遗忘和时间的关系 ………………… | (73) |
| 第八章 | 复习的影响和记忆保持 …………………… | (96) |
| 第九章 | 音节组内各项的顺序和记忆保持的关系 … | (107) |

# 中译本序

曹日昌

赫尔曼·艾宾浩斯（1850—1909）对于记忆的研究是在费希纳的《心理物理学纲要》一书的启发下开始的。艾宾浩斯进行学术研究工作不久，读到了《心理物理学纲要》，他就决定要用自然科学的方法研究比费希纳研究的感知过程更复杂一些的心理现象。1879年艾宾浩斯开始了对记忆的实验研究，这与冯特正式建立心理实验室是同一年。

艾宾浩斯(1850—1909)对于记忆的研究是在费希纳的《心理物理学纲要》一书的启发下开始的。艾宾浩斯进行学术研究工作不久,读到了《心理物理学纲要》,他就决定要用自然科学的方法研究比费希纳研究的感知过程更复杂一些的心理现象。1879年艾宾浩斯开始了对记忆的实验研究,这与冯特正式建立心理实验室是同一年。

艾宾浩斯的研究是心理学史上第一次对记忆的实验研究,是一种首创性的工作,有其历史意义。

从历史的眼光来看,艾宾浩斯在《记忆》一书中作了哪些贡献呢?

对于记忆进行严格的科学实验研究,必须进行数量化的分析。日常说某人的记忆好,某人的记忆差,对某件事情记住了,对另一件事忘记了,等等,这记忆的好坏,对事情记住或忘记,既有质的区别,也有量的差异,如何进行分析呢?艾宾浩斯首先看到:学习识记的材料有长有短,学习时用的时间或诵读时读的次数,学习后到检查记忆经过的时间,都可有长短或多少的不同,这些都是数量上的差异。对于学习的材料也不仅有记住或遗忘,也可有记住多少的差别。艾宾浩斯对记得住多少应用了一种数量化的测量方法,就是所谓重学法或节省法。把识记材料学习到一定的程度,例如恰能背诵,过了一定时间,对材料发生遗忘,不能背诵或不能全部背诵了,再进行学习到能背诵的程度。比较第二次学习和第一次学习所用的时间或诵读次数,节省的数量就是记忆的数量的一种指标。

为了使识记材料的各个单位约略相等,便于控制材料的数量,并且使学习尽量少受其他有关经验的影响,艾宾浩斯制造了无意义音节。他用两个子音和一个母音字母形成一个无意义音节。几个音节(一般是12~36个)组成一个音节组,作为一个识记的单元。无意义音节和节省法是艾宾浩斯创制的两个工具,他用这两个工具研究了关于记忆的几个问题。

关于学习材料的分量和诵读次数的关系,艾宾浩斯观察到,对于包含7个音节的音节组,他诵读一次即可成诵。这是在他的实验条件下他的瞬时记忆广度。包括12个音节的音节组必须诵读16.6次;16个音节的音节组,需要诵读30次,才能背诵(本书第五章)。随着识记材料分量的递增,达到恰能成诵需要的诵读次数急剧地增加,二者不成比例。以后的研究也证明:学习材料的分量和为达到一定的学习程度所需要的学习工作量之间具有很复杂的关系,是受许多条件制约的。

对于识记的材料,诵读次数越多,记忆就越巩固,这可以由重学时所节省的诵读次数或时间表现出来。艾宾浩斯观察到:在一定的范围之内(从少数几次到达到成诵所需要次数的二倍,

即100％过度学习），诵读次数越多，重学时节省量也越大，二者成一种直线性关系。但越过一定的限度，增加诵读次数的效果就递减了（第六章）。这对于教育上复习或练习的分配还是值得参考的。例如"精讲多练"是一条好的教学经验，但多练也必有一定的范围。

学习后经过时间和记忆保持数量的关系是艾宾浩斯研究的中心问题之一。生活经验告诉我们，时间过得越久，记得越少，忘得越多。艾宾浩斯用不同系列的材料在学习到恰能背诵后，经过不同的时间利用重学检查记忆和遗忘的分量。他得到下列的数据：

| 时距（小时） | 重学节省％（记忆保持数量） | 遗忘数量（％） |
| --- | --- | --- |
| 0.33 | 58.2 | 41.8 |
| 1 | 44.2 | 55.8 |
| 8.8 | 35.8 | 64.2 |
| 24 | 33.7 | 66.3 |
| 48 | 27.8 | 72.2 |
| 6×24 | 25.4 | 74.6 |
| 31×24 | 21.1 | 78.9 |

这就是在几乎所有心理学教科书中都征引的艾宾浩斯记忆保持或遗忘曲线的原始数据（第七章）。如前所述，艾宾浩斯对记忆的研究是由费希纳的心理物理学得到启发的，在18世纪早期实验心理学的研究成果中艾宾浩斯的遗忘曲线也是常和费希纳定律并称的。

艾宾浩斯研究了重复学习和分配学习的影响（第八章）。对于一定的识记材料，如果每天都重复学习到恰能成诵，所需要的诵读次数，逐日递减，艾宾浩斯观察到，约略成一种递减的几何级数。材料的数量越大，递减越快。艾宾浩斯还由这里看到，对于一定的识记材料,把一定数量的诵读分配到几天之内进行,比集中在一天效率要高。这是分配学习和集中学习比较研究的滥觞。

艾宾浩斯在心理学理论上属于联想学派。他对于学习中联想的形成进行了详尽的研究。他用精巧的实验设计研究了直接联想和间接(远隔)联想、顺序联想和反向联想。他观察到,通过学习,不仅在识记材料中紧邻的项目之间形成联系,也可在相互远隔的项目之间形成联系。联系是双向的,即不仅可有由第一项到第二项或第三项的联系,也可有反向的,即由第二项或第三项到第一项的联系。他还认为不仅在有意识记的各个项目之间可以形成联系,还可以在和这些项目原有联系的项目之间也形成联系。例如原来照 1、2、3、4、5、6、7、8 的顺序进行了学习,后来又重学 1、3、5、7 各项,2、4、6、8 各项之间的联系也可因重学 1、3、5、7 各项而增强(第九章)。

艾宾浩斯的实验都是他一个人做的。他既做主试者又做受试者。从 1879 年开始正式实验(显然以前还有准备工作)到 1885 年发表研究成果,中间经过五六年的时间。只据本书所列材料,约略统计,他识记的音节组即在 5000 左右,如果把重学计算在内,就是 10000 个,这是相当大的工作量。在本书中艾宾浩斯自己一再提到,因为实验仅是一个人做的,对于结果的普遍意义必须有一定的保留。任何科学实验结果的普遍意义,都要受它的实验条件的限制。在心理学实验中,用一个受试者进行实验,如果实验时间很短,结果可能因受试者的个别心理特点或其他偶然因素的影响,不能具有典型意义。但如受试者经过了长时间的练习,对实验条件又有严密的控制,所得结果就有较大的普遍意义。艾宾浩斯的遗忘曲线和其他方面的结果,被许多后

来的实验研究所反复证实,就是明证。心理学研究中有许多条件控制较好的,以单一受试进行的实验研究。所得结果为用大量受试的实验研究所证实,也是佐证。本书中文译者早年曾以自己为受试,持续三年,每日进行心算实验,对此有过一些体会(部分实验结果见《教育改造》,1937 年,一卷三期)。

除了上述的几个主要问题的研究以外,艾宾浩斯在本书中还提过许多有意义的问题,和一些具有科学预见性的设想。例如关于有意义的材料和无意义的材料识记效率的比较,艾宾浩斯曾设想:由于意义、节律、音韵和语法的作用,可能使达到成诵所需要的诵读次数减少 $\frac{9}{10}$(第 21 节)。这曾经是以后许多人研究过的问题。又如由 8~24 小时记忆保持降低的数量,相对地说,远比由 24 小时到 48 小时降低的为少。艾宾浩斯认为可能由于在前一段时间内,睡眠占据的时间相对地说远比后一段时间的为多(第 29 节)。关于睡眠对记忆保持的有利的影响,正是为以后许多实验研究所证实的。

艾宾浩斯的研究对心理学发生了很大的影响。在《记忆》一书发表之后,记忆成了心理学中实验研究最多的领域之一。无意义音节成为学习记忆实验中最常应用的一种材料。对于影响遗忘曲线的各种因素,心理学界进行了很多的研究,也发现了艾宾浩斯没有观察到的许多现象,例如记忆恢复、前摄抑制、倒摄抑制等等。

艾宾浩斯对记忆的实验研究是这类研究的第一个,它有不少缺点或不足之处,也是合乎事物发展规律的。有的缺点,艾宾浩斯自己也看到了。例如他所用的无意义音节,他原认为都是简单的、纯一的。实际上这只有相对的意义,各音节之间差异还是很大的。艾宾浩斯自己后来也看到这一点,他认为这种材料还不够理想(第 12 节)。艾宾浩斯认为识记音节只是建立联系,实际上这是一种很复杂的过程。为识记一个音节组,受试者常用各种各样的方法、策略,艾宾浩斯对于识记过程没有进行分析。

历来心理学界对于艾宾浩斯的工作的批评,主要的可以归纳为两点。一是他对于记忆过程的发展,只做了数量的测定;对于内容性质方面的变化,没有进行分析。实际上就是在识记无意义音节之后,记忆内容也发生各种各样的变化:有的音节被颠倒位置,有的音节被改造,有的音节获得意义,等等。从这里可以清楚地看出来,记忆的发展是一种动力过程,这被艾宾浩斯忽略了。二是他所用的识记材料的造作性。无意义音节不是实际生活中要识记的东西,由研究识记这种材料所取得的关于记忆发展的规律,和实际生活中识记活动的规律,虽然也有一定的共同性,但毕竟有很大的距离,这就使由这样的实验研究所取得的成果对于实践的指导意义具有很大的局限性。当然,艾宾浩斯所以那样做是有他的理由的,在今天也还需要有一些这种类型的研究。为了便于分析影响识记的条件,应用一些人为的材料,如根据统计规律用方块制成的图形,以不同笔画安排做成的人造字等;对于识记的材料只作一些数量化的测定,如信息传递量、保持概率等。但心理学工作者应当充分认识到:为解决实际生活中有关记忆的问题,这样做是远远不够的。传统的实验心理学、记忆心理学有着严重的简单化和脱离实际的倾向,艾宾浩斯实是始作俑者之一。

艾宾浩斯以联想主义做他的指导思想,他认为记忆主要靠

在材料各项之间建立联系,而这是神经系统的一种基本机能。他没有认识到,神经系统只是记忆的生理基础,人的现实的记忆能力是在社会实践活动中发展的,是社会实践活动发展的结果。他平均用十几分钟识记一个包含13个音节的音节组达到成诵,这固然和他有健康的神经系统有关,但主要是他在欧洲语言、文化环境中形成的语言能力的表现。如果他生在一个没有文字的生活环境中,他的现实的记忆能力就会大不相同了。

在人的识记活动中,对材料的分类、分组是很重要的一个步骤。人的经验是分类保持的,唤起过去的经验(回忆)也要借助于经验的类别的范畴。例如有人问我关于记忆的规律,我就可以把我已有的关于这一类的知识回忆起来。有人问我昨天做了些什么事情,我可以把属于昨天这一范畴内的经验恢复起来。人在记忆时能够对经验分类、分组,是由于社会实践中有储存物资的分类分堆的经验。没有社会实践中的分类分堆,人在识记时对材料分类、分组是不可想象的。在生活、生产资料极度贫乏的原始社会中,人在识记时也不可能对材料有内容丰富的分类、分组的活动。艾宾浩斯未能看到人的记忆对社会实践的依据关系,这正是我们在阅读本书时所要注意的。

# 著 者 序 言

  在心理现象领域里,迄今为止,实验和测量主要只限用于感知觉和心理过程的时间关系。由下述的研究,我们试图对心理活动深入一步,把记忆的表现进行实验的与数量化的处理。记忆一词在这里作广义用,包括学习、保持、联想和复现。

在心理现象领域里，迄今为止，实验和测量主要只限用于感知觉和心理过程的时间关系。由下述的研究，我们试图对心理活动深入一步，把记忆的表现进行实验的与数量化的处理。记忆一词在这里作广义用，包括学习、保持、联想和复现。

对这种处理的可能性，自然会发生的各种主要的反对理由，将在书中详细讨论，这也成为部分的研究目的。所以我希望，凡是没有预先已经相信这种意图是不可能的人，对于它的现实性暂缓做出判决。

由于研究对象的困难和试验的耗费时日的特点，对于发表初步的结果，作者希望取得谅解。希望不要拿由于工作不完全而产生的缺点用作反对这些结果的理由。试验都是由我个人做的，原本只有个人的意义。它们自然不只是反映我的心理结构的个人特点；如果绝对的数值只是彻底的个人的结果，这些数字之间的彼此关系和各种关系的相互关系还是可以反映许多具有普遍意义的关系的。但哪里是这种情况和哪里不是这种情况，我希望只在我现在从事的进一步的和比较的实验完成以后能够断定。

# 第一章

# 我们的关于记忆的知识

一个人所掌握的具体的知识的数量和他关于这些知识的理论概念是相互依存的,也是通过彼此的关系互相发展的。由于我们关于记忆、复现和联想的过程的知识很不确切,很不具体,现代的关于这些过程的理论对于适当地了解这些过程也就很少有价值。例如,为了表达我们关于这些过程的物质基础的概念,我们应用不同的比喻——储存着的观念,铭记于心的表象,踏熟了的通路等等。对于这些比喻的说法,只有一点是肯定的,就是,它们是不恰当的。

记忆

## 第 1 节 记忆的效果

在日常生活和科学中论述心有记忆时，总是试图举出下述的事实和解释。

一时在意识中出现的又从意识中消失的各种心理状态——感觉、情感、观念等——并不随着它们的消失而绝对地停止存在了。虽然由内部也观察不到它们了，但它们并没有全然地破坏了或消散了，而以一定方式继续存在，或者这样说，储存于记忆中。我们自然不能直接观察它们当时存在的情况，但由它们的效果可以显示出来，在我们的知识中它们的存在就好像我们能推知在地平线下有星体存在那样确切。记忆的这些效果是多种多样的。

第一类的情况是我们经过指向这个目的的意志的努力可以把似乎已经消失的心理状态唤回到意识中来（或者，如果是直接的感知觉可以唤回真实的记忆表象），也就是说，我们可以随意地使它们复现。在这样的回忆的努力中，各种各样的表象（我们的目的并不在唤起它们），也会伴随着我们需要的表象回到意识中来。时常确实需要的表象，回忆倒没有找到，但一般说来，在复现的一般事物中有我们所需要的；并且立刻认出来它是从前经验过的事物。如果设想无中生有，它是我们的意志，如它原来那样，重新创造的，那将是荒谬的；它一定是以某种方式或在某一处所存在着的；意志，可以这样说，只是发现了它，把它再带回给我们。

在第二类的情况中，这种留存就更显著了。时常，甚至经过许多年以后，显然是自然地、没有经过任何意志活动，曾在意识中一度存在的心理状态，又回到意识中来；就是说，它们是不随意地复现的。在多数情况下，这里我们也立刻会认识到这重现的心理状态是从前经验过的，就是说，我们记得它。在有些情况下，并没有这种伴随的意识，我们只是间接地知道现在的经验一定是和从前的相同的；这样我们也是一样有可靠的证据，说明它在间隔的时间内是存在着的。更严密的观察告诉我们：这种不随意的复现的发生并不是完全无规律的和偶然的。恰巧相反，它们是由当时直接存在的心理的表象为中介而引出来的。而且它们的发生是有一定的规律的，概括说来，把这种规律归之于所谓"联想规律"。

最后，还有第三类，是在这里要加以考虑的一大类。已经消逝的心理状态，就是它们自己完全不回到意识中来，或至少不在一定的时间回来，但还可以提供它们继续存在的确凿的证据。运用一定范围内的思想，就是这些思想的方法与结果没有直接地意识到,在一定情况之下,可以促进对相似范围的思想的运用。累积的经验的无限广阔的效果,就属于这一类情况。常常意识到的任何情况和过程的发生就促进同类过程的发生与进行,就是这样的效果。这种效果并不受那使组成经验的因素整个地回到意识中来的条件的妨碍。这样出现的可能是偶然的其中的一部分,它的发生不能是范围很大的或者是异常明确的,否则现在进行的过程就立刻受到干扰了。这些经验的大部分还是在意识外隐藏着,但产生很重要的效果,确证着它们以前的存在。

## 第 2 节 记忆的条件

跟关于记忆的存在和它的效果的贫乏的知识相比,关于那种内部存留的持续力和复现的可靠性与速度所依存的条件,确有丰富的知识。

不同的人在这一方面的情况是何等不同!一个人记得和回忆很好,另一个人就较差。这种差别不仅在不同的人之间比较时表现出来,同一个人比较其在不同情况下,早晨和晚上、少年和老年期,也会显现出这方面的差异来。

回忆起来的事物的内容方面的差异是有重要意义的。不需要的持续地复现的曲调,可能形成一种痛苦的根源。形状和颜色就没有那样的强制性,在它们复现时总要显著失去原有的清晰度与确切性。音乐家为乐队写出他的内心的声音唱出的乐曲;而画家要仅依靠他内心的眼睛所看到的是难于成功的,自然界给他以形象,把形象组合起来则靠习作。把过去的情感状态体现出来是一种奋斗,这常常是通过以伴随情感的活动为中介而实现的,它们只是情感的浅淡的影像。情感上真实的歌唱要比技术上准确的歌唱更为少见。

如果把上述个别差异和内容差异两个观点合并起来考虑,无限数量的差异就显现出来了。一个人充满了诗意的回忆,另一个人凭记忆指挥交响乐,第三个人很轻易地想起数字和公式,而这些从前两个人的记忆中脱落出去就像从光滑的石面上溜走一样。

保持和复现在很大的程度上依赖于在有关的心理活动第一次出现时注意和兴趣的强度。在一次生动鲜明的经验之后,被烫伤了的儿童就躲避火,挨了打的狗见了鞭子就逃。对于我们很有趣的是,天天见面的人,我们却不能记起他们的头发或他们的眼睛的颜色。

在一般情况之下,为了可能复现一定的内容,经常的重复是确然必需的。一个有很高能力的人,即使用极大的集中注意,对于任何有一定长度的字汇、散文和诗也不能一次就学会。用一定数量的、足够的重复,就可以最后确实掌握它们,以后再加以额外的复习,掌握得就可更确切、更容易。

丢下不管,任何心理的内容,在时间的影响下,也会逐渐丧失它的恢复的能力,或者至少在这些方面要受损失。在考试时期,急忙填塞的事实知识,如果不为其他的学习所充实,以后再加足够的复习,不久就会随时间而消逝。就是在自己的祖国的语言中那样早和那样深刻地学习的东西,若有几年不用,也会受显著的损失。

 记 忆

## 第3节 关于记忆的知识的缺欠

不能认为上述关于我们对于记忆的知识的概述是完善的。还可以加上心理学中所熟知的,像下述一系列的提法:"学习快的人遗忘也快","相对地说,比较长的系列的概念比短的系列的记得更好一些","老年人对于他们最后学习的东西遗忘最快",等等。心理学常用传说和例证来使它的内容丰富。但是——这是主要之点——就是我们用最大量的例证材料详述我们的知识,我们所能说的还包含着上述一些说法的不确切的、一般化的和相对的性质。我们的知识几乎全部来自对极端的和特别显著的事件的观察。我们可以用多少是含糊的术语把这些加以一般地正确描述。我们也是很正确地设想:在不那么显著的,但成千倍地更常见的记忆的日常活动中,同样的影响,虽然是在较小的程度上,是一样出现的。但是如果我们的好奇心把我们带得更远一些,我们要求对于上述的和其他事件的依存关系和相互关系获得更特殊和更详尽的知识——例如说,提出关于它们的内部结构的问题——我们就没有答案。复现能力的消失,遗忘,是如何依存于中间没有复习的时间间隔的长短呢?复现的精确性的增长和复习次数之间是什么比例关系呢?这种关系又如何依对于要复现的事物的兴趣的强弱程度而变化呢?对于这些和其他类似的问题是没有人能回答的。

对于这些问题不能回答并不是由偶然疏忽了对这些关系的研究。我们不能说明天或当我们愿意花费时间的时候,我们就能研究这些问题。恰相反,对这些问题不能回答是由于这些问题的

内在性质而来的。虽然问题中的各种概念——例如遗忘的程度，记忆的准确度，兴趣的强度等——是很正确的，但在我们的经验中，除了极端情形以外，我们无法确定这些程度，就是对于极端的情况，我们也不能准确地确定它们的限度，所以我们感觉到我们还不能进行研究。在有非常的经验时，我们形成一些概念，但不能在日常生活的相似的而比较一般的经验中证实这些概念。相反的，可能是有许多概念，我们还没有形成，而它们对于清楚地理解事实和它们的理论意义是有用的与必不可少的。

　　一个人所掌握的具体的知识的数量和他关于这些知识的理论概念是相互依存的，也是通过彼此的关系互相发展的。由于我们关于记忆、复现和联想的过程的知识很不确切，很不具体，现代的关于这些过程的理论对于适当地了解这些过程也就很少有价值。例如，为了表达我们关于这些过程的物质基础的概念，我们应用不同的比喻——储存着的观念，铭记于心的表象，踏熟了的通路等等。对于这些比喻的说法，只有一点是肯定的，就是，它们是不恰当的。

　　当然这些欠缺的存在是有完全充分的基础的，是由于问题的异常的困难和复杂性。虽然我们对于我们的知识的不足是有清楚的认识了，但我们是否能做出任何实际的进展，还有待证明。也许我们必须放弃这种想法。但是，不能否认在这个领域里有比现在已有的更广阔的可探索的途径，我现在就希望证明这一点。考虑到记忆在全部心理现象中的重要意义，如果有任何机会出现了对这个问题深入研究的途径，我们的志愿是立刻采取这种途径。在最坏的情况下，我们也宁愿看到，在积极的研究工作失败时退却，而不愿在困难面前只是继续无望地惊叹。

# 第二章

# 扩大我们关于记忆的知识的可能性

对于因果关系的内部结构获得准确的测量——数量上准确的——方法,由于它的性质,是一般可靠的。这种方法在各种自然科学中是这样大规模地应用着和这样充分地发挥着作用,以致通常把它当做自然科学特有的,只是自然科学的方法。但可再重复一下,它的逻辑性质使它可以普遍地应用于一切的存在和现象的领域中。更进一步,把任何过程的实际情况作准确和正确的阐明,因而建立对它的各种联系作直接的了解的可靠的基础,主要就依赖于应用这种方法的可能性。

## 第 4 节  自然科学的方法

　　对于因果关系的内部结构获得准确的测量——数量上准确的——方法，由于它的性质，是一般可靠的。这种方法在各种自然科学中是这样大规模地应用着和这样充分地发挥着作用，以致通常把它当做自然科学特有的，只是自然科学的方法。但可再重复一下，它的逻辑性质使它可以普遍地应用于一切的存在和现象的领域中。更进一步，把任何过程的实际情况作准确和正确的阐明，因而建立对它的各种联系作直接的了解的可靠的基础，主要就依赖于应用这种方法的可能性。

　　我们大家都知道这种方法包括一些什么：把已经证明和一定的结果因果地联系着的一切条件固定下来；把一种条件和其余条件分离开，并把它按照能以数量化描述的方式加以变化；用

测量或计算确定在效果方面随之产生的变化。

但是,把这种方法转移到研究一般的心理现象和特别是记忆现象的因果关系中来,似乎有两种根本的和不可克服的困难。第一,我们对于复杂的大量的起作用的条件如何加以控制,使之大致固定?这些条件,由于它们是属于心理现象,几乎完全是不在我们控制范围之内的,而且它们又是经常地在不断地变化着。第二,我们用什么方法能对转瞬即逝的,由内省看来又难以分析的心理过程,加以数量化的测量?我将首先联系我们现在要研究的记忆讨论这第二种的困难。

### 第5节 对于记忆内容的数量测量的引用

如果现在从计量的可能性的角度再考虑一下以前讨论过的保持和复现(第2节),对于这两种过程,至少一种数量的测定和一种数量的变化是可能的。一组的观念由第一次出现到复现,中间经过的时间是可以测量的,使这组观念能够复现所必需的重复出现的次数是可以计量的。但是,最初看来,在效果方面,似乎没有类似的情况。这里只提了一种选择,复现或者是可能的或者是不可能的,它或者发生或者不发生。当然,我们也承认,在不同的条件下,它可能或多或少地接近于实际的出现,因之它在阈限下存在时是有不同等级的差异的。但是只要把我们的观察限于由于偶然机遇或由于有意唤起,观念由这种内部领域中复现出来,对我们来说,一切的差异就是不存在的。

但是,如果少依赖一些内省,我们却可把这些差异显露出来。把一首诗学到能够背诵,就不再复习了。我们可以设想,过了半年之后它就会忘记：无论如何努力回忆也不能使它在意识中复现出来，最多只可想起零碎的片断。设想把这首诗再学到能够背诵。这就显现出来：虽然看来是完全忘记了，在一定意义上它还是存在的，在某种形式上也还是有效的。第二次的学习比第一次显然需要较少的时间或较少的诵读次数。它比学习一样长短的同类的诗也需要较少的时间或次数。在这时间和诵读次数的差异中，我们显然得到对于在学习了半年之后仍在形成诗的连贯的观念组合中存在的那种内在能力的一定的测量。我们可以预期，在较短时间之后两次学习的差异大些，在较长时间之后这种差异就会小些。如果第一次的识记是细心进行的，也持续了较长的时间，这种差异就比第一次识记是漫不经心的、时做时辍的，要大一些。

总之，我们对于用数量表示的阈限下存在的成组的概念之间的差异的存在是可深信不疑的，这些差异在其他情况下我们只是承认它们存在，而无法用直接观察验证它们。这样我们就得到了一些东西，它们在我们应用自然科学方法的企图中可以作为一个立足点：这就是在效果方面可以清楚地确定的现象，它是随着条件的改变而变化的，可以做数量的确定的。至于我们是否对于这些内部的差异得到了正确的测量，我们是否由此可以对于这种内部的心理生活的因果关系建立正确的概念——这是不能预先给予答案的问题。正如化学对于在化合作用中究竟是电的现象、热的现象还是其他伴随现象是化学亲合力的有效能量的正确指标，也不能预先确定一样。只有一种确定的方法，就是先假定假设是正确的，然后看是否能够得到可以很好整理的、不自相矛盾的结果，能正确地预测将来。

我从实验的角度,不考虑没有数量差别的复现的发生或不发生的简单的现象,只考虑从效果看是比较复杂的过程,我要观察与测量当条件变化时它的变化。我的意思是指在适当数量的反复诵读之后,人为地引起复现,这种复现在平常情况下是不会自动发生的。

要用实验方法实现这一点,至少必须满足两个条件。

第一,必须能够准确地规定达到目标的时间,就是完成了学习过程,达到能够背诵。如果识记过程有时超过了达到成诵的时刻,有时没有达到,那么在情境变化时所看到的差异就可能是由于这种不平衡,若把它归之一组观念的内部差别就不正确了。例如在识记一首诗的过程中,在不同的复现中,实验者必须选定一种有特殊特点的复现,以后可以相当准确地再找到这一类的复现。

第二,必须承认假定,其他条件不变,可使这种有特点的复现发生的诵读次数,在每次实验中都是相同的。如果其他条件相等而这种诵读次数有时这样,有时那样,那么变化其他条件所产生的差异就失去探讨论断这些变异的条件的任何意义了。

第一种条件是容易满足的,只要你应用可以背诵的材料,例如诗,字表,曲调,等等。在这里,一般说来,当复习的次数逐渐增加时,复现最初是片断的,不完全的;随之,它的准确程度逐渐增加;最后,复现可以无差误地顺利进行。第一次出现最后这种情况的复现不仅可以选出来作为具有显著特点的,并且实际上可以重认出来。为了行文便利,我把它叫做"第一次可能的复现"。

现在的问题是,这样能满足上述的第二种条件吗？如果其他条件相等,可以导致这种复现的复习次数经常是一样的吗?

照这种方式提出的这个问题是有理由被排斥的,因为它好像是一个不言自明的假设,把问题的主要点、事实的核心提到我们面前而得不到解决,只能得一个导致误解的答案。任何人都会毫不迟疑地承认,如果实验条件保持完全相等,这种依存关系也就一样。至少在这里任何人不会误解常被祈求的意志自由。但是这种理论的恒常性并没有多大的价值:当我必须进行观察的环境条件永远不会一致时,我怎样找这样关系呢?所以我必须问:我能把不可避免的而又经常变动的环境条件加以控制,使它们相等,而使问题中的因果关系变成可看到、可触知的吗?

所以关于正确探讨心理生活中的因果关系的一种困难的讨论把我们引到另一个问题(参看第4节)。看来只要我们在重复实验时能把主要的条件加以控制,达到必要的一致,就可能对原因与结果的相互依存的变化作数量的确定。

## 第6节 保持研究中需要的条件固定的可能性

考虑高级心理活动的复杂过程的人或者研究国家与社会的更复杂的现象的人,一般都会否认心理实验中把条件控制固定的可能性。没有比心理生活的动荡不定,对我们说来是更熟悉的了,这里没有任何的预见和计量。最有决定作用的因素,也是最常变化的因素,例如心理的活力,对作业的兴趣,注意的集中,由于突然的想法和决定引起的思维活动进程的改变,等等,所有这些不是我们所不能控制的,就是只能在很不满意的程度内能稍加控制的。

  由于观察这些过程而得的这些看法，本身虽然是正确的，但在我们处理这些领域之外的问题时，对于这些观点却不可给予过分的重视。所有这些不可控制的因素在一些高级心理过程中是很重要的，这些过程只是在特殊适当的环境条件下才发生的。低级一些的、平凡的、经常发生的过程也不是不受它们的影响的，但更重要的是，它们大部分是在我们的力量控制之下的，可以使这种影响只有轻微的干扰作用。例如，感知觉，就因受兴趣高低的影响而有不同的准确性，它也由于外界刺激或观念上的变化而经常地改变方向。虽然有这些影响，但大体说来，当我们愿意看时，就可看到一所房子，只要它客观上没有发生变化，我们可以连续十次地看到它的实际上相同的图像。

  根据一般一致的意见，普通的记忆保持和复现在等级上接近感知觉，那么假定在这一方面它们的活动规律相似，并没有什么预先看来是荒诞的。但这是否是实际的情况，我现在仍像我以前说过的一样，是不能预先决定的。我们现在有的知识是太片断、太一般化，极大部分是由特殊的事件中得来的，根据它们，我们不能对这点作出决定，必须由为了这种目的而特别进行的实验来作决定。我们必须试用实验的方法把已知的和假定的对记忆保持和复现有影响的环境条件，尽量控制，使之固定，然后确定这样做是否是足够的。材料必须是这样选择的，至少从各方面看来可以排除有决定影响的兴趣的差异；防止外界的干扰，使注意可以一致；忽然引起的一些想法是无法控制的，但它的影响只限于当时，如果把实验时间加长，它的影响就很小了，如此等等。

  但当我们用这种方式把我们能得到的条件都最大限度地控

制固定时，我们如何知道，为了我们的目的，这就够了呢？环境条件，在锐利的观察下总有一些差异，怎样算是有足够的固定呢？答案可以是：当重复实验时结果还是固定的。这种说法看来是很简单的自明之理，但对问题作认真考虑时，另一种困难又发生了。

## 第7节 恒常平均数

当环境条件尽量相似，重复实验得到的结果，怎样才算一致，或足够的一致呢？是否一种结果的数值和另一种的相等，或者差异那么小，就数值比例或就我们的目的看来都是无足轻重的呢？

显然不是。这样要求太高了，就是在自然科学中这也是不必要的。那么，是大数量的实验所得的平均数具有上述特点吗？

显然也不是。这就要求太低了。对于彼此相似的任何过程，把从任何角度的有足够大的数量的观察材料相加起来，都几乎可以得到相当一致的平均数值，但这种数值对于我们现在的目的来说，却很少或没有什么价值。两根标杆的确实距离，在一定时间一颗星的位置，在增加一定的温度时一种金属的膨胀，所有这些数值和其他物理化学上的常数都是一些平均数值，也只是接近高度的恒定。在另一方面，一个月内自杀的数目，一个地方的人的平均寿命，在一条街上一天经过的马车和步行人的数目，等等，也是很显著地恒定的，每种数值都是大量观察材料的平均数。这两类的数值，我暂时把它们叫

做自然科学的常数和统计的常数,大家都知道,是由于不同的原因而形成恒定数值的,对于形成因果关系的知识,它们有着完全不同的意义。

这些差异可以陈述如下:

在自然科学的常数,每次个别的效应都是由完全相同的一些原因的组合产生的。由于这些原因并不总是以完全相同的数量参加组合(例如仪器的调整和读数上有少量的误差,被检验的或使用的材料的结构或成分有小的变异等),个别的数值出现一些差异。但是经验告诉我们,不同原因的这种波动的发生并不是绝对无规律的,它通常都是在一个有限的相当小的范围内变动,环绕着一个集中数值对称地分布着。如果把一些个例并到一起,不同的变异的效果就会越来越彼此抵消,被它们环绕着变动的集中数值所湮没。合并这些数值的最后结果就是大致相等,好像那实际变动的因素,不仅在概念上而且在数值上,都是保持恒定的。所以在这种情况下,平均数值就是在概念上明确、有确定范围的因果联系系统的数量表现;如果这个系统的一部分发生变化,平均数值随之发生变化,对于那些变异在全体组合中所产生的效果,仍是正确的测量。

在另一方面,无论从任何角度来考虑统计常数,都不能说,它们的每个个别的数值都是不同原因组合的结果,这些原因是在相当小的范围内,对称地波动的。个别不同的结果常常是由很不相同的原因的非常复杂的结合所产生的,这些不同的原因也可能彼此有些共同的因素,但整个说来,它们没有可想象的共同性,而只是相应于结果中的某一特点,自然而然地不同因素导致很不相同的数值。就是在这里,我们把较大的集体合并起来,还会得到大体一致的数值——为了容易明了这种事实,我们可以说,在相等的、相当广大的时间或空间领域内,不同原因的组合有大致相等的机会出现;我们这样说,也不过只是承认现存的自然的特殊的、奇异的秩序而已。因之这些恒常的平均数值并不代表确定的、不同的原因组合,而只代表现在还远不明了的原因组合。所以由于条件变动而产生变异并不单纯是这些变动的结果的测量,而只是它们的一些指标。它们对于确定数量化的依存关系并没有什么直接的价值,只是为这样做一些准备而已。

现在我们可以回到在本节开始时提出的问题。什么时候我们就算达到了我们要用实验方法实现的保持条件的一致呢?答案如下:当几次观察材料的平均数值是约略相等的时候,同时我们可以假定不同的个例是属于同一因果系统的,在这系统内的各种成分并不只限于固定的数值,而是在一个小的范围内的数值,对称地环绕着一个中间数值而变动。

## 第8节 误差津

上述的说明并没有给我们的问题以确定的答案。假设我们以某种方法找到了某种心理过程的满意的、一致的平均数值,我们怎样能知道我们是否能为进一步运用它可以假定一种单纯的有动因作用的条件呢?物理科学家一般都预先知道他要处理一种单一的原因组合,统计学者知道他要处理成堆的原因组合,是用任何分析也难以分解的。从简单的知识中知道了这一点,他们在进行进一步的研究之前就知道了过程的性质。正像稍前一些时候,现有的心理学知识对于我们是太笼统,不能依靠它确定

关于布置固定的实验条件的可能性；现在它又证明是很不够的，不能满意地确定在一定的个案中我们是要处理一种单纯的原因的组合，还是处理碰巧同时起作用的许多的原因组合。这问题是，我们由其他的标准把条件尽量控制一致时所得的结果是否能对引起的原因的性质有所了解。

答案必然是：这样达到的理解并不具有绝对的准确性，但具有很大的可能性。由于采用了一些和获得物理常数以及研究物理效果的相同的假设，已经有了一个开端。对于不依赖于原因的实际的具体特点的个别数值的环绕中间数量的分配就是这样做的。把这些计算的数值和实际观察所得的材料重复比较，结果表明假设的共同性是很大的，足以导致结果的一致。这样设想的结果和现实是很接近的。它的要点是：把大量的由具有以前屡次说过的变动的同类原因产生的个别数值合并起来的结果可以用一个数学公式，即所谓误差律表达出来。在这里显著的特点是它只包含一个未知数量这一事实。这个未知数量就是个别数值的集中趋势强弱的测量。它随着观察材料的种类不同而变化，它是根据个别数值计算确定的。

注：为了进一步了解这个公式，这不是我们这里的任务，请参看关于概率计算和误差理论的教科书。对于对这些理论不熟悉的读者来说，一个图解比关于公式的说明和讨论更易理解。设想一种观察重复了 1000 次。每一次的观察材料用一个一平方毫米的空间代表，它的数值，或它和 1000 次观察材料的中间数值的差异用图 1 中 $pq$ 水平线的位置表示。

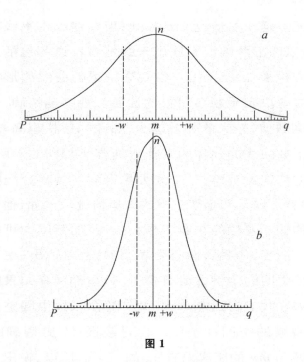

**图1**

　　把每一次相当于中心数值的观察结果在 $mn$ 垂直线上画一平方毫米。把每一次的比中心数值大一个单位的观察结果，在 $mn$ 右边距离1毫米的线上画一平方毫米。高于（或低于）中心数值 $x$ 单位的观察结果画在 $mn$ 线右边（低于中心数值的结果在左边）距离 $x$ 单位的位置。把所有的观察结果都这样安排之后，图形的轮廓可以很整齐，小平方形的外角形成一条对称的曲线。如果这些个别数值是这样性质的，它们的中心数值可以看做像物理科学中的常数一样，曲线的形式就是图1中 $a$ 和 $b$ 那样。如果中间数值是一种统计常数，曲线就可能是任何形式的（曲线 $a$ 或 $b$ 和 $pq$ 线都各包括1000平方毫米，这只在把曲线和

水平线都无限延长的情况下是如此;但曲线和水平线在两端那样接近,所以图形两端没有画出来的地方不过各包括总数中的两三个平方毫米)。至于由一组观察所得的曲线的形状是扁平些还是高峻些决定于观察对象的性质。观察越精确,它们就越集中于中间数值;较大的偏差越少,曲线的形状越高峻,反之也是一样。形成曲线的规律的其他方面都是相同的。所以,对于任何一组的特定的观察,一个人如果得到了观察分配的集中性的测量,他就可以得知全部观察的大概情况。例如,他可以说出一定数值的偏差发生的次数多少,在一定的范围内可能有多少次的偏差。或者,如我后面将要表明的,他可说出,在一定数值和中间数值之间的个例数值有多少,是全部观察结果的什么百分数。例如在我们的图中,$+W$和$-W$两根线中间整整包括了代表全部观察的空间的一半。但是在图 $1b$ 更精确的观察中 $+W$和$-W$ 与 $mn$ 的距离只有 $1a$ 的一半。所以,说出它们的相对距离,也就是观察的精确性的一种指标。

所以,可以说,只要一组的结果可以认为每一次都是由相同的原因组合产生的,这原因组合每次只受一些所谓偶然的干扰,这些结果的数值就是照误差律分配的。

但是这个命题的反定理,即只要数值是照误差律分配的就是这类原因造成的,却不一定是对的。大自然不会偶尔用更复杂的方式产生类似的组合吗?在现实中,这似乎是非常稀有的。在统计上通常化为平均数值的所有的数值组合中,还没有发现一种是无问题地产生于一定数量的原因系统,表现出可以称为照误差律的分配。①

所以,这个规律可以作为虽然不是绝对可靠,但有很高可能的标准,用它判断由任何过程得来的接近恒定的平均数值可否作为实验中纯正的科学常数来应用。误差律并不为这样的应用提供充分的条件,但它提供必要的条件。至于最后的解释,必须依赖对于它可提供一定保证的基础的研究结果。这就是为什么我用它所提供的准则作为我们的那个尚未答复的问题的答案:如果把条件尽可能地控制一致,为学习同样系列的材料,达到第一次可能复现所需要的重复遍数的平均数,可以作为自然科学意义的恒定平均数值吗?我可以预先说,在研究结果中,所得的答案是肯定的。

## 第9节 小 结

在研究心理过程时应用所谓自然科学的方法,遇到两种根本性的困难:

(1)心理活动的经常变化和反复无定使之不能布置稳定的实验情境。

(2)心理过程无法测量或计量。

在记忆(学习,保持,复现)这一特殊领域内,第二种困难可以在一定程度内被克服。在这些过程的外部条件中,有一些(时间,复习遍数等)是可以直接测量的。在不能直接测量的地方,

---

① 在全部生育中,男孩女孩的数量的分配,据说很接近误差律。但是在这个个案中,这些结果数值是由单纯的生理原因的组合造成的,以致形成一种确定的数量关系。(参看莱克席斯,《人类社会中的集体现象原理》,64页,以及其他处。)

可以用它们得到间接的数值。我们不能等待记忆中的一组概念自己回到意识中来,我们必须在半路上迎接它们,复习它们到一定的程度,使它们刚刚能够无差误地复现出来。在实验中我把在一定条件下达到这个标准所需要做的工作,作为这些条件的影响的测量;我把在条件变更时在工作中产生的变化解释为条件变更的影响的测量。

第一种困难,布置稳定的实验情境,是否能满意地克服,是不能预先决定的。实验必须在尽量相同的条件下进行,然后看从大的组别中得到的结果是否能提供恒定的平均数值,这些结果个别看来是可能彼此有些差异的。但是仅靠这一点还不足以使我们应用这些数量化的结果建立自然科学意义上的因果依存的数量关系。统计学处理大量的恒定的平均数值,这些数值并不总是从理想的经常发生的事件的重复中产生的,不能从数值中进一步看到它的性质。我们的心理活动具有这样大的复杂性,以致当我们得到恒定的平均数值时,也还不能否认这些数值是统计上的常数一类性质的。为了考验这一点,我就检查为平均数所代表的个别数值的分配。如果这种分配相当于自然科学中到处进行的对一种事件重复观察所提供的个别数值的分配,我就暂时认为,在足够相似的条件下对心理过程进行重复观察,可以达到我们的目的。这种假定并不是必然的,但是很可能的。如果它是错误的,继续地进行实验可以自行表明:从不同角度提出的问题可以导致相互矛盾的结果。

## 第10节 机 误

以前说过,可以选择不同的测量观察数值集中程度的数值和代表数值分配的公式。我选用所谓机误（P.E.），就是一半的观察数值超过和一半的观察数值不及平均数值的误差，也就是在它的正负两面的限度内环绕平均数值对称地分布着大于和小于平均数值的观察数值。从定义中可以看出来，这些数值可以从结果中直接计数出来，根据理论计算可以更精确。

对任何一组的观察材料进行计算，把数值按误差律进行分组，就可看出来，在机误的分数和机误的倍数范围内，围绕中间数值对称地分布的个别数值的数量和理论所要求的一样。

在1000次观察数值中，计算结果应当是：

| 在下列范围内 | 个别数值的数目 |
|---|---|
| $\pm 1/10$ P.E. | 54 |
| $\pm 1/6$ P.E. | 89.5 |
| $\pm 1/4$ P.E. | 134 |
| $\pm 1/2$ P.E. | 264 |
| $\pm$ P.E. | 500 |
| $\pm 1\frac{1}{2}$ P.E. | 688 |
| $\pm 2$ P.E. | 823 |
| $\pm 2\frac{1}{2}$ P.E. | 908 |
| $\pm 3$ P.E. | 957 |
| $\pm 4$ P.E. | 993 |

如果在足够的程度内存在着这种一致性，那么只要说出机误就可以说明所有观察数值分配的特点，同时对于它们环绕中心数值分布的集中性也是一种适当的测量，也就是中心数值的精确性和可靠度的测量。

正如我们说到个别观察结果的机误(P.E.o),也可以说集中趋势或平均数值的机误(P.E.m)。如果对同样的现象观察很多次,每次把同样多的观察材料合并起来计算中心数值,把这些各次的平均数值照同样方式分组,求得机误。它对于从多次重复的观察中得到的平均数值的变动的特点提供一种简要的但是足够的说明,同时也是对于所得的结果的真实性和可靠度的一种测量。

一般说来,P.E.m 包括以下各点。对于它的计算方法的来历这里不能作说明,只说清楚它的意义就够了。它告诉我们:根据由之得出平均数值来的全部观察材料的性质,我们可以预期,由 1 对 1 的机会,这个平均数值和假定的准确的平均数相差不超过它的机误的数值。我们所谓假定的准确的平均数是指如果把观察重复无限多的次数,可能得到的平均数。比机误更大的差误在数学意义上说是不大可能的,就是说,不发生的可能更大于发生的可能。把上面的表看一下就可告诉我们:随着机误数值增加时,较大差误产生的不可能性也就急剧地增加了。所得的平均数偏离真实平均数 2.5 倍的机误时,发生的机会是 92∶908,也就是 $\frac{1}{10}$ 的机会;相差 4 个机误的机会是很小的,7∶993(1∶142)。

# 第三章

# 研 究 方 法

手边常用的一些材料,例如诗或散文,它们的内容有时形式上是记事的,有时是描述的,有时是说理的;它包含的句子有时是伤感的,有时是幽默的;它的比喻有时是美丽的,有时是粗糙的;它的韵律有时是流畅的,有时是艰涩的。这样就带进许多种类的影响,它们的变化是没有规律的,因之也就是干扰性的。忽而这里,忽而那里,引起一些联想,引起不同程度的兴趣;几行诗句,由于它们的特殊的性质或造句美丽或其他原因,回忆起来。我们的音节完全没有这些情况。

## 第11节 无意义音节组

为了实际试验深入研究记忆过程的一种途径(尽管仅是一个很有限的领域)——前述的讨论也是为了这个目的——我想到了下述的方法。

用字母中的单子音字母和11个母音和双母音,把母音放在两个子音中间①可以拼出所有的一定形式的音节来。

这样的音节约2300个,把它们混在一起,然后随机抽取一

---

① 应用的母音是 a,e,i,o,u,ä,ö,ü,au,ei,eu。作为音节的头一个字母,用了下列的子音:b,d,f,g,h,j,k,l,m,n,p,r,s(＝sz),t,w,还有 ch,sch,软音 s,和法文中的 j(共19个);作为音节的末一字母,应用了 f,k,l,m,n,p,r,s(＝sz),t,ch,sch(共11个)。用作音节的尾音的比作音节的头的字母要少一些,因为就是学过多年外国语的德国人,对于放在末尾的中间音,也不能正确地读音。基于同样的理由,我也没有多用其他外国音,虽然我最初为了丰富材料内容,想用一些外国音。

些出来，作成长短不等的组，每次就用几组作为一个试验的材料。①

在最初准备音节时，订了几条规则，以避免过快地重复相近的发音，但并没严格遵守这些规则，以后就放弃了这些规则，完全随机行事了。把每次用过的音节都小心地搁在一旁，等全部用完之后，再把它们混合起来，重新应用。

用这些音节进行试验，要达到的标准是，用重复出声诵读音节组，以至读后立刻能把它们有意地复现出来。如果拿出第一个音节，第一次就能用一定的速度，毫不犹豫地背诵出全组的音节来，并确认背诵是正确的，就算达到标准了。

### 第12节 实验材料的优越性

上述的无意义的材料具有许多的优越性，部分原因正是它缺乏意义。首先，它是相对地简单和相对地单纯的。手边常用的一些材料，例如诗或散文，它们的内容有时形式上是记事的，有时是描述的，有时是说理的；它包含的句子有时是伤感的，有时是幽默的；它的比喻有时是美丽的，有时是粗糙的；它的韵律有时是流畅的，有时是艰涩的。这样就带进许多种类的影响，它们的变化是没有规律的，因之也就是干扰性的。忽而这里，忽而那里，引起一些联想，引起不同程度的兴趣；几行诗句，由于它们的特殊的性质或造句美丽或其他原因，回忆起来。我们的音节完全没有这些情况。在几千种的组合中，只有几十个可能有些

---

① 在下文中我将把几个音节合成的试验材料单位叫做音节组，几个或一个音节组的组合称为一个试验，几个试验称为试验组或试验组合。

意义;就是这些有意义的,在识记时也很少能察觉出来。

然而,对于这种材料的简单性和单纯性却不能作过高的估计,它还远不是理想的。学习这种音节,要有三种感觉通道的活动,视觉、听觉和言语器官的肌肉感觉。虽然三种感觉通道的活动都是有限的,也都是相同的,但由于三种感官的联合活动,可以预期在结果中会有一定的复杂性。特别是音节组的单纯性远不是所想象的那样。在学习的难易程度上这些组表现出很重要的和几乎不可理解的差异。甚至可以说,从这个角度看来,有意义的和无意义的材料的差别并不是预先想象的那样大。至少我看到,在学习拜伦的《唐璜》一诗的几章时,所得的个别测量数字的分配的差距,并不比用大约同样的时间学习无意义音节组时数字分配的差距更大。在前一种学习中,前述的无数的干扰影响似乎彼此抵消了,只产生了中等的影响;而在后一种学习中,由于祖国语言的影响,对某些字母和音节发生的倾向性,却一定是很不相同的。

我们的材料的优越性在两方面是不容置疑的。首先,它可能有无穷尽的数量的、性质很相似的新的组合,这是不同的诗和不同的散文的片断所不能比拟的。它还可能有适当的和确定的数量上的变化,而韵文或散文若在末尾之前或中间截断,由于这样要不可避免地以不同形式破坏原意而导致产生复杂的情况。

我也试用过数字组,但看来对于更严格的试验这是不适用的。它们的基本成分在数量上过少,以致很容易就用尽了。

## 第 13 节  可能的最恒定的实验情境的布置

为识记过程制定了下列几条规则。

1. 每组音节都是从头到尾一遍一遍地念;在一组音节中不进行分部分的学习;就是特别难的部分也不摘出来多念一些遍。诵读和有时试行背诵自由地交替进行,在试行背诵时只要遇到一犹豫,就从这一音节读到这一组的末尾,然后从头诵读。

2. 诵读和背诵音节组,都按固定的速度进行,一分钟念150个音。最初用一个放在一定距离的节拍器调节速度;后来改用一个表的滴答声,这样更简单,更少干扰。多数钟表齿轮的擒纵机恰好一分钟摆动 300 次。

3. 因为在连续发音时,几乎不可能避免重音变化,就用了下列方法防止不规则的变化:用三个或四个音节组成一个音格,因之或者是第一、第四、第七或者第一、第五、第九……音节读成轻微的重音。尽可能地避免其他方式的加重音。

4. 学完一组音节之后,有 15 秒钟的间隔,记录结果。随之进行同一试验中的下一组。

5. 在学习过程中,经常有意识地想着,要实事求是地尽快地达到学习标准。尽量使注意集中在这种吃力的工作和要达到的目标上,意识的决定,在这里有一定限度的影响。不用说,用心避免一切外部干扰,以便可能达到这一目的。由于在不同环境中进行试验所可能引起的小的干扰也尽可能地避免了。

6. 不应用任何强记术在无意义音节之间制作特殊的联系;学习只是依靠重复诵读对于自然记忆的影响。由于我没有任何

强记技术的知识,所以执行这一原则,对我来说,是没有什么困难的。

7. 最后也是主要的,在试验期间小心控制了生活的客观条件,以避免太大的变动或不规律的生活。因为试验持续了许多月,这自然只在一定限度内是可能的。尽管如此,做了种种努力,使那些结果要直接比较的试验,在尽可能的相同的生活条件下进行。特别是在试验之前,要尽可能地使活动在性质上保持恒定。由于人的心理和身体状态有明显的 24 小时的周期,不言而喻,只有在每天的相同的时间才可能有相同的实验条件。但是因为有时一天不只要进行一次试验,所以有时有些实验是在一天的不同时间内进行的。如果在外部和内部生活中发生了重大的变化,就把实验停止一个时期。在恢复实验之前,要根据中断时间的长短进行几天的重新训练。

## 第 14 节 误差的来源

选择材料和制定应用材料的规则的主要出发点是:企图使所要观察的活动,也就是记忆活动的条件,尽可能的简单和尽可能的恒定。自然,我们的这种企图越是成功,也就越使这种活动远离了它在日常生活中活动时的那种复杂而多变的情境,也是在这种情境下它对我们具有重要意义。但这不是反对研究方法的理由。物理学中研究的自由落体和没有摩擦的机器等,和对我们有重要意义的、在自然界所发生的情境比较起来,也仅是抽象。我们差不多没有方法可以直接得到关于复杂的、真实的事件的知识,而必须通过迂回的道路,把关于自然界很少或没有提供的、人工的、实验的情境的经验,累积起来,总合起来。

暂时使记忆活动和日常生活失掉联系这一事实还不如它的反面,也就是它和生活中的纠缠和波动的联系还太密切,更为重要。为了得到尽可能的最简单的、最一致的条件的斗争,自然在许多地方受到阻碍,这种阻碍的根源是在这一事件的性质中,它使我们的企图受到挫折。不可避免的材料的不一致性,和同样不可避免的外界条件的不规则性,前面已经提到了。我现在再说其他两种难以克服的困难。

由于重复诵读,可以说,音节组就达到较高的识记水平。自然的假定是:在第一次可以背诵复现音节组的时刻,所达的水平总是相同的。如果真是这种情况,也就是说,如果这具有特点的第一次的复现,到处都是音节组的同样无变化的巩固性的一种无变化的外部指标,这对我们是有重要价值的。但是这却不是实际的情况。在第一次可能的复现时,不同的组的内部情况并不常是一样的,最多只能假定,在这些不同的组中,这些情况是以相同程度的内部确定性而波动的。在一组达到第一次自动的复现之后再继续学习,这种情况就清楚地表现出来了。一般来说,在达到第一次随意复现之后,这种能力还可继续保持。但在许多情况下,它在第一次出现之后,立刻就又消失了,而只在又继续复习几次之后才又出现。这证明:记忆音节组的倾向,不管它们由于一天内的时间、客观和主观的条件不同而有的较大的差异,还发生短时间内的较小的变异,这或叫做注意的波动或者其他。如果正在要记忆的材料将要达到所需要的确实程度的时刻,恰巧发生一种特殊的心理上的豁然清爽之感,常出乎学习者的意料,音节组就被及时掌握了;但不能较长时间保持。反

之,如在那时产生一种迟钝之感,第一次无差误的复现就要延迟一段时间,虽然学习者感觉到他确实掌握了材料,但不知为什么总是发生犹豫支吾。在前一种情况下,虽然外界条件是一样的,第一次无误的复现发生在正常的与之相联系的记忆保持水平之下;在后一种情况下,它达到较正常稍高的水平。像我们以前说过的,在这里对这些差异的最好的推测是在较大的组合中它们要彼此抵消。

  关于另外一种错误的来源,我只能说,它可能产生,而它产生时,就成为一种很大危险的根源。我指的是在形成中的意见和理论的秘密的影响。一种研究常是从结果应当怎样的一种预见性的假设开始的。在实验者不得不单独进行工作时,如果开始时没有什么预先的假设,它会逐步地形成起来。不可能进行任何期间的实验而不注意到所得的结果。实验者必须要知道问题是否提得恰当,它是否需要补充或修正。对于结果的波动必须加以控制,以便不同的观察可以持续足够长的时间,使平均数值得到为当前目的所需要的确实性。在观察了数量化的结果以后,就不可避免地对于结果中所隐藏的或所提示的普遍规律要形成一些假设。当研究持续进行时,这些假设和那些在实验开始时就已具有的想法,形成一种复杂的因素,对于以后的结果可能产生确定的影响。不用说,我所指的不是任何有意识地认识到的影响,而是好像一个人尽力使自己不带偏见时所产生的影响,或者像一个人要摆脱一种想法,而这种摆脱的企图却正助长了这种想法或偏见。试验结果是被预期的知识和一种希望在中途等待着的。实验者仅是告诉自己,不能为这样的期待改变研究的客观的性质,并不能达到这种目的。相反,这些期待持续存在着，在形成全部的内部态度上起着一定的作用。根据受试验者注意到这些期待是证实了还是没有证实（一般说，他在学习中就注意到了）他就感觉到——即使是轻微的一种满意和惊奇！你想受试验者，尽管具有极大的谨慎，当看到结果中特别显著的正的或负的偏差时感到的惊奇，不会自己毫无意识地产生态度上微小的改变吗？他不会比他对于结果的可能的数值毫不知晓或毫无想法时更会这里紧张一些、那里松一口气吗？我不能肯定是不是总是这样，或时常是这样，因为这里我们处理的，不是可以直接观察的事实，还因为可能被这样隐蔽地歪曲的结果可能表明并没有受这样的影响。我所能说的一切就是，从我们的关于人的本性的一般知识，我们可以预期有这一类的事情，在内部态度具有重要意义的任何研究中，例如关于感知觉的实验，对于这样可以导致偏差的影响，我们必须给予特别的注意。

  现在清楚了这种影响一般是怎样暴露出来的。对于平均数值，这种影响趋向于把极端数值拉平；在可以预期有特殊大的或特别小的数值时，它又趋向于进一步增大或缩小这些数值。如果试验由两个人做，可以确实地避免这种影响，其中一人作受试验者，在一定时期对研究的目的与结果不闻不问。另外就只有用迂回的办法，但这样可能只得到一定程度的帮助。我自己做受试验者，就在尽可能长的时间内，把确切的结果对自己隐藏起来。把研究工作延长到一定程度，就使所研究的变量达到最大限度。在这种情况下，真理受什么东西歪曲就变得相当不容易了，也无关重要了。最后受试验者可以提出许多看来是互不相关的问题，希望相互联系的心理过程的真实关系可以突破障碍自行表露出来。

在后面列出的结果受了上述误差来源多大的影响,是难于确切测定的。数据的绝对数值无疑地时常是受它们的影响的,但由于试验的目的并不是精确地确定绝对数值,而是获得比较的结果(特别是在数量化的意义上)和相对的更一般的结果,所以没有理由值得有太多的顾虑。在一个重要的个例中(第38节),我可以直接地使我相信,排除对结果的性质的任何知识,并没有产生任何变化;在另一个例中,我自己不能消除疑虑,我特别注意了它。无论如何,任何预先倾向于把这种隐蔽的愿望对整个心理态度的无意识的影响估计过高的人,也必须考虑获得客观真理的隐蔽的愿望,和不以不相称的劳役把自己的空想的构造建立在沙堆上的隐蔽的愿望——我可以说,这种愿望在这些可能的影响的复杂的机制中也有一定的位置。

## 第15节 需要的工作量的测量

记忆一组音节达到第一次可能的复现所需要的诵读次数,原来并不是直接计数的,而是由记忆所需要的时间秒数间接计算出来的。我的目的是这样避免必然与计数相联系的干扰,我可以假定在一定的节奏下,任何时间内的诵读次数和所用时间是有一定的比例关系的。我们不能希望这种比例是完全的,因为只计量时间时把犹豫、思考的时间都包括在内,而计算次数时这些就不计算。用时间测量比按次数计算,相对地发生较多疑难的较难的音节组就比容易的组得到较高的数值。但在有大量的音节组的组合中,可以认为难的和容易的组的分配是大致平衡的,所以比值(时间和次数的)上的偏差,也像在任何一些组中一样,就互相抵消了。

在一定的试验中,当需要直接计算次数时,我是用下列方法进行的。把一些直径14毫米厚度4毫米的小圆木片穿在一条绳子上,这些木片有一定重量不会偶然滑脱,而又容易挪动。每第十块是黑色的,其余是木质本色的。在进行识记时,手里拿着绳子,每念一遍就把一块木片从左到右移动几个厘米的距离。到音节组能够背诵时,只要看一下绳子,因为木片是分成十个一组的,就可知道所需要的诵读次数了。这种操作需要很少的注意,所以按诵读的时间(同时记录下来)计算,并不比以前的试验(没有计算次数的)用得更长。

用这样同时计量时间和次数的办法,得到一个偶然的机会可以证明和更精确地确定预见到的和前面加说明的关于二者的相互关系。当事先规定的每分钟读150个音的节律严格保持时,每个音节用0.4秒;当诵读为试行背诵打断时,不可避免的迟疑要加长时间,但所加不多,并且是相当一致的。但并不总是确实如此的;相反,有下列的一些变异。

当主要是诵读音节时,产生一种不自觉的有力趋向,一种节律的加速,就把每个音节的时间缩短了,使之低于标准的0.4秒。

当有诵读和背诵的交替进行时,时间的增长却一般不是一致的,在较长的音节组,时间的加长更多。在这种情况下,由于音节组的增长使难度极迅速地提高,就又发生一种不随意的,也难直接察觉的,节奏的降低。下表材料可以表明。

| 16个音节的组,主要诵读 | 每音节需要的平均时间(秒) | 音节组数 | 音节数 |
|---|---|---|---|
| 8次 | 0.398 | 60 | 960 |
| 16次 | 0.399 | 108 | 1728 |

| 每组中的音节数(X) | 诵读和试行背诵的次数(Y) | 每音节需要的平均时间(秒)(Z) | 音节组数 | 音节数 |
|---|---|---|---|---|
| 12 | 18 | 0.416 | 63 | 756 |
| 16 | 31 | 0.427 | 252 | 4032 |
| 24 | 45 | 0.438 | 21 | 504 |
| 36 | 56 | 0.459 | 14 | 504 |

每当一注意到发生了这种离开正确比例(时间次数)的偏差时,在学习中就有一种意识的反应,进行纠正偏差。

最后,时间的测量的机误看来是比次数的要大一些。根据上述的说明,这种关系是很容易理解的。在时间的测量中,大的数值发生在较难的音节组中,相对地说,它比次数的数值要大,因为相对地说它主要是因为背诵时发生迟疑而增加的;相反,一般说来,相应的容易的音节组的较小的时间数值相对地小于次数的数值。所以时间数值的分配要比次数数值的分配范围大。

已经看到的这两种计算方法的差异,在要求高度精确的研究中,可以导致不同的结果。但在我们已得的结果中还不是这样,所以这里应用时间秒数还是诵读次数是无关紧要的。

这两种测量的方法,哪一种更正确,也就是对于所使用的心理劳动是更恰当的测量,不能预先地作出决定。可以说,形成印象是完全由于重复诵读,这是有关系的东西;可以说,一次有迟疑的诵读和一次简单的流畅的背诵诗句是同样有效的,它们可以作同样的计算。但从另一方面看,也不能把追忆思索的时刻仅仅当做一种损失。在任何情况下,在这些时刻也有活动在进行:一方面是把刚刚过去的字句很快地重新回忆一遍,使重新背诵时不会再有迟疑;另一方面,对于下面的字句有高度集中的注意。如果是这种情况,这看来是可能的,在这里发生了对所识记的内容的更巩固的记忆,这些时刻就有被考虑的权利,那就只有通过测量时间,它们才能受到应有的重视。

只有在这种计算中出现了足够的差异时,才可能看到哪一种更合宜。那么被选择的一种就作为有关结果的简单的表达了。

## 第16节 试验的时期

试验是在1879—1880年和1883—1884年两个时期内进行的,每个时期都有一年多。在第一个时期进行正式试验之前,进行了一个长时间的同类性质的预备实验,所以在这里所报道的结果中,由练习增进技能的时期可说是已经过去了。在第二个时期开始时,我又小心地给了自己重新的训练。这样中间隔了三年多的两个时期的试验,提供了所需要的使大部分结果可以一定方式互相检验的可能性。坦白地说,这两个时期的试验并不是可以严格地相互比较的。在第一个时期的试验中,为了限制在注意高度集中的时刻对音节组的第一次的瞬时掌握[①]的意义,决定识记音节组时要达到两次可能的无错误的复现。后来我放弃了这种只部分地达到它的目的的方法,而用第一次流畅

---

[①] 第14节有说明。

的复现作标准。较早用的方法,在许多情况下,显然地增长了一些学习的时间。还有,在每天中进行试验的时间上也有差别。在第二个时期,所有的试验都是在下午一至三点钟进行的;第一个时期的试验则平均地分配在三个时间内,上午十至十一时,十一至十二时和下午六至八时,为简单起见,我把这三个时间分别称为A,B,C。

## 第四章

## 所得平均数的应用

　　我们对于由完全的识记中所得的数量化的结果的性质和价值有了一个概念之后,我们就转向研究的真正目的,那就是对因果关系作数量化的描述。

## 第 17 节　试验结果的分配

照前述方式进行的研究中需要解答的第一个问题,如第 7、8 两节所说明的,是所得的平均数的性质。在尽可能的相同的条件下,识记一定长度的音节组所需要的时间,照一定方式分组计算,我们有理由把它们的平均数值看做自然科学意义上的量度吗?还是不能呢?

如果试验是照前述的方式进行的,也就是几个音节组是连续地识记的,是不能把它们的时间记录就作为一组计算的。因为,在一次试验中,当学习的时间增长以后,学习各音节组的条件就发生一定的变化了。就我们所知道的这些变动的性质而论,我们不能希望它们环绕一个中心数值对称地分布。因之这些结果的分组分布就会是不对称的,不能符合"误差律"。这些条件的变动是注意的波动,心理上的新鲜活力的降低,这种降低最初是很快的，以后逐渐减慢，最后转成心理的疲劳。由于异常的干扰致使学习过程变慢，可以说，也没有什么限度；由于这种种原因，一个音节组的学习时间可以偶然地比平均数值多一倍，或者更多。与之相反的效果，特别努力的影响却又能超过一定的限度，它永远不能把学习时间减少到零。

如果把一些音节组的组合合并计算，这些组合，每个都包含着同样数目的音节组，也是连续学习的，那些干扰的影响就可以完全消失或几乎完全消失。在一个组合中心理活力降低的情况和在另一组合中相同。在相同条件下发生在一刻钟或半小时内的注意的积极的和消极的波动，在每一天中也几乎是相同的。所有需要回答的是：学习相等的音节组组合的时间是否表现了所需要的分布形式？

我可以充分的确实性肯定地回答这个问题。我有在相似的条件下进行的最长的两组试验，它们并不是在前述理论意义上很大的试验组；它们的不利之处是它们中间隔了相当长的时间，在间隔时间内必然发生了许多情况上的变化。虽然这样，它们的总合结果和理论所要求的正如所希望的那样接近。

第一组试验是在1879—1880年进行的，它包括92个试验。在每个试验中识记8个音节组，每组13个音节。学习时要达到两次无误的复现。8个组识记时间的总合，包括两次复现的时间（自然不包括休息的时间，**参看第13节**,4）平均是1112秒，机误是±76。在结果中波动是很显著的，只有一半的平均数落在1036和1188的范围以内；另一半分布在这个范围上下。详细说来，数字的分配如下：

| 机误范围 | 偏差数值 | 包括数值 | |
|---|---|---|---|
| | | 实际计算 | 理论计算 |
| $\frac{1}{10}$ P.E. | ±7 | 6 | 5 |
| $\frac{1}{6}$ P.E. | ±12 | 10 | 8.2 |
| $\frac{1}{4}$ P.E. | ±19 | 13 | 12.3 |
| $\frac{1}{2}$ P.E. | ±38 | 30 | 24.3 |
| P.E. | ±76 | 45 | 46.0 |
| $1\frac{1}{2}$ P.E. | ±114 | 61 | 63.4 |
| 2 P.E. | ±152 | 73 | 75.6 |
| $2\frac{1}{2}$ P.E. | ±190 | 84 | 83.6 |
| 3 P.E. | ±228 | 88 | 88.0 |

在 $\frac{1}{4}$ P.E. 至 $\frac{1}{2}$ P.E. 范围内有少量集中的数值,但在 $\frac{1}{2}$ P.E. 至 P.E. 范围又有较大的减少,这样就平衡了。除了这两点以外,计算的和实际的结果是很好地符合的。分布的对称性也正如所要求的。比平均数小的数值数量较多,比平均数大的数值偏差较大:有八个较大偏差的数值,其中两个是比平均数值小的。由注意的波动产生的偏差趋向于较高的限度的比趋于较低限度的为多,所以前述的注意的影响并没有因合并许多组的结果而抵消平衡。

在第二组的试验中,观察材料的正确性和它们的分布与理论计算结果符合的程度都大为提高。这组实验是在1883—1884年进行的,包括84个音节组。每次试验识记6组,每组16个音节,学习到第一次无误的复现。全部平均需要的时间是1261秒,观察机误是±48.4,也就是说84组中的一半落在1213

至 1309 的范围内。可见这一组实验的观察材料的精确性和前一组的比较起来是大为提高了。①

机误包括的差距只等于平均值的 7.5%，而在第一组试验中是 14%，具体的数值分配如下：

| 机误范围 | 偏差数值 | 包括数值 | |
|---|---|---|---|
| | | 实际计算 | 理论计算 |
| $\frac{1}{10}$ P.E. | ±4 | 4 | 4.5 |
| $\frac{1}{6}$ P.E. | ±8 | 7 | 7.6 |
| $\frac{1}{4}$ P.E. | ±12 | 12 | 11.3 |
| $\frac{1}{2}$ P.E. | ±24 | 23 | 22.2 |
| P.E. | ±48 | 44 | 42.0 |
| $1\frac{1}{2}$ P.E. | ±72 | 57 | 57.8 |
| 2 P.E. | ±96 | 68 | 69.0 |
| $2\frac{1}{2}$ P.E. | ±121 | 75 | 76.0 |
| 3 P.E. | ±145 | 81 | 80.0 |

---

① 当然这里所得的精确性不能和物理测量的相比，但是它可以和首先想到的有联系的生理学的测量相比。由亥姆霍兹（Helmholtz）和巴赫特（Baxt）最后测定的神经传导的速度属于最精确的生理学测量之一。已经发表的作为它的精确性的例证的这些研究的一项记录（柏林科学院月刊，1870 年，191 页），它的平均值是 4.268，机误 0.101。这个差距相当于平均值的 5%。所有以前确定的都远为更不精确。在亥姆霍兹的最精确的试验中，第一次测量所得的机误差距相当于平均值的 50%（解剖学与生理学杂志，1850 年，340 页）。就在物理学的早年的先驱者的研究中，也不得不在数量结果上存在较低程度的精确性。在尤里（Joule）第一次测定热力的机械当量时，他所得的数字是 838，机误是 97（哲学杂志，1843 年，435 页）。

除了几个不重要的小数字外,数值分配保持了很好的对称性。

| 机误范围 | 偏差 | |
|---|---|---|
| | 大于平均值 | 小于平均值 |
| $\frac{1}{6}$ P.E. | 5 | 2 |
| $\frac{1}{4}$ P.E. | 7 | 5 |
| $\frac{1}{2}$ P.E. | 13 | 10 |
| P.E. | 20 | 24 |
| $1\frac{1}{2}$ P.E. | 28 | 29 |
| 2 P.E. | 34 | 34 |
| $2\frac{1}{2}$ P.E. | 37 | 38 |
| 3 P.E. | 40 | 41 |

具有最大绝对数值的偏差是在低的限度一端。

如果把我们的音节组合并成音节组合,分组识记,在重复的试验中,识记音节组合所需要的时间的差异很大;虽然这样,它们的变异是和自然科学中对理想的同质的过程的测量的一样,那里也是有变异的。所以,至少以一种实验方式,像自然科学中应用它的常数一样,把不同试验中所得数量化结果中的平均数值用来证实因果关系的存在。

用来合并成为一个组合或试验的音节组的数目自然不是确定的。但是可以期望,这个数目越大,实际得到的诵读时间的分配和按照误差律计算的结果的符合程度就越高。实际上可以试行增加这个数目,一直到所增加的符合程度不能抵偿所需诵读时间的增加。如果一个试验中音节组的数目减少，所要求的符合程度也就降低。但是无论怎样降低，实际结果和理论所要求的分配的符合程度还必须达到一定的显著程度。

这个要求在我们所得的数量结果中是能达到的。在上述的两大组的试验中，我检查了每个试验中识记一半音节组的时间。在前一组试验中，这是每四个音节组的时间，在后一组试验中，是三个音节组时间的总合。结果如下：

1. 在前一组试验中，平均数$(m)=533$，机误$(P.E.)=\pm 51$。

**数值分配**

| 机误范围 | 偏差范围 | 偏差数量 | | 与平均数比较 | |
|---|---|---|---|---|---|
| | | 实际计算 | 理论计算 | 小于 | 大于 |
| $\frac{1}{10}$ P.E. | ±5 | 2 | 5.0 | 2 | 0 |
| $\frac{1}{6}$ P.E. | ±8 | 4 | 8.2 | 3 | 1 |
| $\frac{1}{4}$ P.E. | ±12 | 6 | 12.3 | 4 | 2 |
| $\frac{1}{2}$ P.E. | ±25 | 21 | 24.3 | 9 | 12 |
| P.E. | ±51 | 48 | 46.0 | 24 | 24 |
| $1\frac{1}{2}$ P.E. | ±76 | 61 | 63.4 | 30 | 31 |
| 2 P.E. | ±102 | 76 | 75.6 | 37 | 39 |
| $2\frac{1}{2}$ P.E. | ±127 | 85 | 83.6 | 42 | 43 |
| 3 P.E. | ±153 | 89 | 88.0 | 45 | 44 |

2. 在后一组试验中平均数$=620$，机误$=\pm 44$。

**数值分配**

| 机误范围 | 偏差范围 | 偏差数量 | | 与平均数比较 | |
|---|---|---|---|---|---|
| | | 实际计算 | 理论计算 | 小于 | 大于 |
| $\frac{1}{10}$ P.E. | ±4 | 3 | 4.5 | 1 | 2 |
| $\frac{1}{6}$ P.E. | ±7 | 5 | 7.6 | 3 | 2 |
| $\frac{1}{4}$ P.E. | ±11 | 11 | 11.3 | 6 | 5 |
| $\frac{1}{2}$ P.E. | ±22 | 25 | 22.2 | 13 | 12 |
| P.E. | ±44 | 44 | 42.0 | 21 | 23 |
| $1\frac{1}{2}$ P.E. | ±66 | 56 | 57.8 | 29 | 27 |
| 2 P.E. | ±88 | 71 | 69.0 | 38 | 33 |
| $2\frac{1}{2}$ P.E. | ±110 | 76 | 76.0 | 41 | 35 |
| 3 P.E. | ±132 | 79 | 80.0 | 42 | 37 |

两个表的材料都证实上述的假设,在实际观察结果和理论计算之间存在着虽然不完全、但仍然是显著的符合。

如果不减少每个试验中的音节组的数目,而降低试验的数目,还可以假定同样的大体的符合。在这方面我也要增加一些验证的材料。

我在进行较早的试验时,还进行了两组的实验,和上述较早的试验组是在同样条件下,但在日间较晚的时间进行的,这称为B组和C组。

B组包括39个试验,每个试验包括6个音节组,每个音节组中有13个音节;C组有38个试验,每个试验中有8个音节组,每个音节组也是13个音节。所得结果如下:

1. B组试验,平均数＝871,机误＝±63。

数值分配

| 机误范围 | 偏差数量 ||
|---|---|---|
| | 实际结果 | 理论计算 |
| $\frac{1}{4}$ P.E. | 4 | 5 |
| $\frac{1}{2}$ P.E. | 10 | 10.3 |
| P.E. | 21 | 19.5 |
| $1\frac{1}{2}$ P.E. | 28 | 26.8 |
| 2 P.E. | 32 | 32.0 |
| $2\frac{1}{2}$ P.E. | 35 | 35.4 |
| 3 P.E. | 37 | 37.3 |

2. C 组试验,平均数＝1258,机误＝±60。

数值分配

| 机误范围 | 偏差数量 ||
|---|---|---|
| | 实际结果 | 理论计算 |
| $\frac{1}{4}$ P.E. | 7 | 5.0 |
| $\frac{1}{2}$ P.E. | 10 | 10.0 |
| P.E. | 19 | 19.0 |
| $1\frac{1}{2}$ P.E. | 26 | 26.0 |
| 2 P.E. | 31 | 31.0 |
| $2\frac{1}{2}$ P.E. | 34 | 34.5 |
| 3 P.E. | 36 | 36.4 |

在结束总述结果的这一节时,我再举一组 20 个试验的结果。每个试验包括 8 个音节组,每组 13 个音节。每组音节都是一个月前学过的。这里的平均数是 892 秒,机误是 54。数值分配如下:

| 机误范围 | 偏差数量 | |
| --- | --- | --- |
| | 实际结果 | 理论计算 |
| $\frac{1}{4}$ P. E. | 3 | 2.7 |
| $\frac{1}{2}$ P. E. | 5 | 5.3 |
| P. E. | 10 | 10.0 |
| $1\frac{1}{2}$ P. E. | 12 | 13.8 |
| 2 P. E. | 17 | 16.5 |
| $2\frac{1}{2}$ P. E. | 19 | 18.2 |
| 3 P. E. | 20 | 19.1 |

虽然试验的数目很小,但实际计算的离中偏差和理论计算在所有各组试验中都很接近,因之平均数值的价值是可以肯定的,当然也要考虑到误差的范围是相当大的。

## 第 18 节  各音节组结果的分配

前述的关于各音节组的学习时间的分配,自然不仅是理论的假设,而且也为实际看到的分配情况所证实了。前面提到的两大组的试验,一组包括 92 个试验,每试验 8 个音节组,另一组 84 个试验,每试验 6 个音节组。这就分别有 736 个和 504 个音节组,这有足够的数量作为判断的根据。两大组的数据都同样地表现出下列的特点：

1. 在平均数以上的数值比平均数以下的分配比较散漫,差距也比较大。在两组试验中比平均数大的最大数值和平均数的差距分别相当于比平均数小的最小数值和平均数的差距的 2 和 1.8 倍。

2. 由于较大数值的这一种的优势,平均数由最稠密的分配值略向上移,结果形成比平均数小的偏差,数量较多。两组中比平均数低的偏差的总数分别为 404 和 266,比平均数高的为 329 和 230。

3. 偏差数值的分配,从最稠密的地方向两端移动并不是均匀地降低的——像在相当大的数量的数值的分配中经常可以预期到的那样——而有几个显著的最密和最稀的点。可见在产生这些结果时,也就是在音节组的识记中,有导致恒定的误差的原因在起作用。这就形成：在一方面,数值有不对称的分配；另一方面,某几个范围的数值又较多。根据本章已经叙述的讨论,可以假定,在把连续学习的几个音节组的结果合并起来时,这些影响就彼此抵消了。

我已经提出了这种不对称的分配的可能的原因,或许是由于高度集中的注意和干扰的特殊变动的影响。那么,可以很自然地假想,在一个试验中不同音节组的位置就是平均数上下的各种数值分配集中的原因。如果在一个大的试验组中,把第一、第二、第三音节组……各自的数值加起来,分别计算平均数,可以预期,这些平均数间的差异也是很大的。各个音节组的数值环绕它的平均数的分配,只是勉强接近误差律。但总的说来,它们在平均数附近区域分配最密。这些个别的分配稀密的区域在总的结果中自然也会表现出来。

还有下列一点,可作为补充说明:在一个试验组中,心理的疲劳是逐渐增加的,平均数应当随着音节组的位置数目而增加,但结果证明并不是这样。

只有一次我看到了和这个假设相符合的事实,那就是那个大的,也是重要的试验组,其中包括92个试验,每个试验包括8个音节组,每组13个音节。在这个试验组中,92个第一个音节组,92个第二个音节组……的平均数是:105,140,142,146,146,148,144,140 秒,它们的情况如图 2 所示。在其他的试验中,正好相反,我们看到的典型的事实是如那有 84 个试验的那一组,这一组中每个试验有 6 个音节组,每组 16 个音节,结果如图 3 所示。

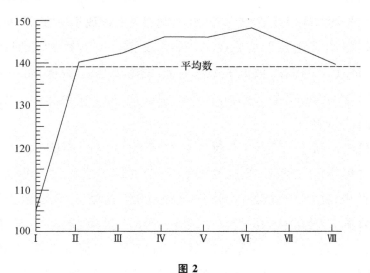

图 2

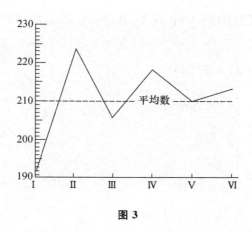

图 3

这里的平均数是：191,224,206,218,210,213 秒。开始时是比平均数低的,但立刻上升到最高限度,在试验的以后的进程中再没有达到这一高度,而是相当显著地上下波动。同样的情况也表现在各包括 9 个音节组的 7 个试验中,每个音节组有 12 个音节,平均数值是 71,90,98,87,98,90,101,86,69(图 4)。

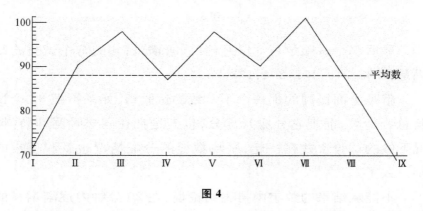

图 4

在 B 组的 39 个试验中,每个试验包括 6 个音节组,每音节组 13 个音节,6 个平均数是 118,150,158,147,155,144(图 5 中下面的曲线)。

在每个试验包括 8 个音节组,每个音节组 13 个音节,共有 38 个试验的 C 组中,平均数值是 139,159,167,168,160,150,162,153(图 5,上面的曲线)。

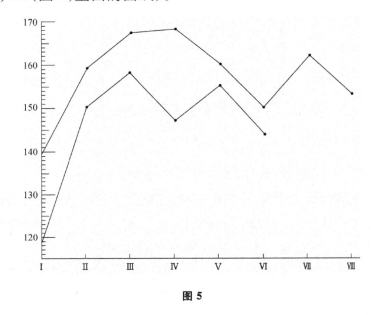

**图 5**

最后每个试验学习 6 段拜伦的《唐璜》诗句的 7 个试验的结果是:189,219,171,204,183,229。

就是上面提到的那一个不一致的试验组,如果不把 92 个试验总合计算,而把它分成几部分,也就是把在同样时间,同样情况下做的试验合并在一起,平均数值的分配情况也就和正常的相一致了。

不能从结果的数字中得出结论说,在 20 分钟内逐渐增长的心理疲劳没有发生任何影响。

我们只能说,假定的疲劳的影响对于结果数字的影响是被一种不容易预先想到的趋向抵消了,这就是在低平均数之后,继之以高的数值,高平均数之后又是低数值的相互交替的趋向。似乎是有一种心理的感受性或注意上的周期的波动,和它相联系的逐渐增长的疲劳就环绕一中心位置变动,这个中心位置也逐渐移动。①

我们对于由完全的识记中所得的数量化的结果的性质和价值有了一个概念之后,我们就转向研究的真正目的,那就是对因果关系作数量化的描述。

---

① 如果这形成一个有趣的问题,应当对于这种趋向在不同情况下的不同的影响,试行作数量化的测定。一个试验组的观察材料的数值的机误,是识记过程所受的各种意外干扰的影响的测量。如果对个别的音节组的学习一般也受像在各试验中那些相同的或相似的条件变化的影响,那么按照误差理论的基本规律,由各音节组数值观察材料计算出来的机误和按试验组计算出来的数值的关系是 1 比 $\sqrt{n}$,$n$ 是试验组中音节组的数目。但是像在这里的情况,在识记这些不同的音节组时各种特殊的影响就发挥作用,如果这些影响比其他方面的条件变化使不同音节组的数值差异更大,从各音节组的不同数值计算出来的机误也要大,上述的比例就显得太小,这些影响的作用越强,越是如此。

把实际的关系加以检查是有一定困难的,但可以完全证实上述的说明。在每试验包括 6 个音节组,每音节组包括 13 个音节的 84 个试验中,$\sqrt{n}$=2.45。我们看到 84 个试验的观察材料的机误是 48.4。504 个音节组数值的机误是 31.6,31.6 和 48.4 的比值是 1.53;稍低于 $\sqrt{n}$ 的数值 (2.45) 的 2/3。

## 第五章

# 音节组的长度和学习速度的关系

大家都清楚地知道，识记一组概念，以后再复现，概念组越大，识记就越困难。不仅因为诵读一次需要较长的时间，因之识记需要较多的时间，而且需要较多次数的诵读，所以相对地说，就需要更多的时间。学习六节的诗比学习两节的诗需要的时间不仅是多三倍，而是更多。

我并没有特别研究这种依存关系，这在第一次复现音节组时就自然地表现出来了。但是我附带地得到了一些数字材料，虽然它们不表明特别有趣的关系，但值得把它们记录下来。

## 第 19 节  晚期的试验

大家都清楚地知道，识记一组概念，以后再复现，概念组越大，识记就越困难。不仅因为诵读一次需要较长的时间，因之识记需要较多的时间，而且需要较多次数的诵读，所以相对地说，就需要更多的时间。学习六节的诗比学习两节的诗需要的时间不仅是多三倍，而是更多。

我并没有特别研究这种依存关系，这在第一次复现音节组时就自然地表现出来了。但是我附带地得到了一些数字材料，虽然它们不表明特别有趣的关系，但值得把它们记录下来。

有关的音节组（在 1883—1884 年的试验中）分别包括 12，16，24，或 36 个音节，每个试验包括 9，6，3，或 2 个音节组。

识记这些音节达到第一次无误的复现所需要的诵读次数（包括背诵复现的一次）的平均数字结果如下：

| 音节组数 (X) | 音节数目 (Y) | 总共需要的诵读次数 平均数(Z) | 平均数值的机误 | 试验数目 |
|---|---|---|---|---|
| 9 | 12 | 158 | ±3.4 | 7 |
| 6 | 16 | 186 | ±0.9 | 42 |
| 3 | 24 | 134 | ±2.9 | 7 |
| 2 | 36 | 112 | ±4.0 | 7 |

为了使诵读次数作必要的比较，必须把它们化为共同的单位，也就是除以音节组数。这样，我们就可看到学习一个音节组到能背诵需要诵读多少遍。这些音节组只在音节的数目上有差别，每个音节组都是和它同样的音节组一起学习的，这样的一个试验需要 15 分钟至 30 分钟。①

从减少音节的数目的观点来看，也可以下一个结论。可以提出这样一个问题：多少个音节，可以读一次就能正确地背诵出来呢？对我来说，这个数目总是 7。我也时常一下顺利地背诵出 8 个音节来，但这仅是在少数的情况下，并且只是在试验的开始时。另一方面，对 6 个音节，差不多就完全没有发生过错误，如果对它们注意地念一遍，随即进行复现，就包括较大的不必要的精力消耗。

如果把这最后一组音节加上去，诵读总次数除以音节组数，减去并非识记所需要的最后作无误的复现的一次诵读，结果如下：

---

① 这样做也有可反对的地方，用除法计算之后，所得的是识记单个音节组的平均数，这样就把第四章所讨论的结果忽略过去了。按照那里的讨论，几个音节组的组合的平均数值可以用来研究各种依存关系，而单个音节组的平均数值是不能这样用的。我并不认为这样用除法计算后所得的数字就是单个音节组的正确的平均数，也就是按照误差律分配的平均数。而是把它当做一类的音节组的平均数，用音节除也是为了更好地和其他音节组组合比较——各音节组的情况是无法到处一致的。测量它们的精确性的机误不是由各单个音节组的数字计算的，而是由音节组组合计算的。

| 每组内音节数 | 达到第一次无误复现(不计在内)所需的诵读次数 | 机误 |
|---|---|---|
| 7 | 1 | ±1.1 |
| 12 | 16.6 | ±0.4 |
| 16 | 30.0 | ±1.7 |
| 24 | 44.0 | ±2.8 |
| 36 | 55.0 | — |

图 6 中较长的曲线表明音节数目和诵读次数关系的一般趋向,由于试验数目小,它的精确性仅是近似的。图 6 表明当音节的数目逐步增加时,识记所需要的诵读次数比音节数目增加的要快得多。

曲线最初上升是很快的,以后稍见平缓。比读一遍——大约用 3 秒钟——就能背诵的音节数目多五倍的音节,要掌握它需要诵读 50 次以上,需要 15 分钟的不间断的集中的努力。

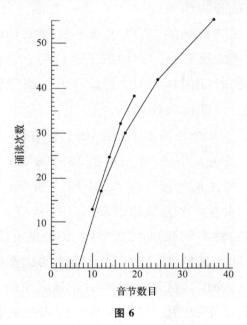

图 6

曲线的纵横坐标都有自然零点为起点。从这一点,X(音节数)＝7,Y(诵读次数)＝1,再向前的延伸,可以说明如下:如要背诵6个、5个、4个……音节的音节组,自然也仅需要诵读一次。我的情况是读这样的音节组就不需要像读7个音节的音节组时那样注意,音节的数目越减少,注意就越不需要集中了。

### 第20节 早期的试验

不用说因为这里报道的结果是只从一个人得来的,它们的意义就只与他个人有关。问题提出来了:它们的对这个个人的意义是否具有一般性,也就是在另一个时期重复这些试验,它们是否具有大体相同的数值和分配情形。

一些早期试验的结果提供了在这一方面进行检验的可能。这些结果又是偶然得到的(所以也就不受预期和假设的影响),试验是在和上述的试验不同的情况下进行的。这些早期的试验是在每天较早的时间内进行的,各音节组都识记到能够进行两次无误的背诵。一个试验包括:

15个音节组,每组10个音节;

或者8个音节组,每组13个音节;

或者6个音节组,每组16个音节;

或者4个音节组,每组19个音节。

这里应用四种不同长度的音节组,但是它们的数值比较接近。因为在早期的试验中,没有记录诵读的次数——这里有些问题——这里的诵读是从诵读时间中计算出来的。为了这个目的,经过相应的校正,应用了第15节中的表里的材料。把数字化成个别音节组的,并减去了作为复现的两次诵读,我们得到下列结果。

| 每组内音节数 | 达到两次无误复现(未计在内)所需诵读次数 | 机误* | 试验数目 |
|---|---|---|---|
| 10 | 13 | ±1.0 | 16 |
| 13 | 23 | ±0.5 | 92 |
| 16 | 32 | ±1.2 | 6 |
| 19 | 38 | ±2.0 | 11 |

*机误是根据估计推算的,只是大致的数值。

图 6 中较短的曲线是根据上表的数字绘制的。由曲线可以看出来,学习同样长的音节组,在早期比在晚期需要的诵读次数稍多。由于这种关系是一致的,它可以归之实验条件的差异,早期试验中计算的不精确,还可能有晚期较多的训练。早期的数字和晚期的很接近,还有最主要的是:这两条曲线在它们的共同的范围内很接近,正像中间隔三年半,而未受任何预先的假设所影响的试验所要求的那样。这就有很高的可能性支持下述的假设:在这两条曲线中所表现的依存关系,因为它经过一段长的时间间隔还是固定的,它就可以认为是有关的人的恒定的特点,虽然这仅是个人的。

## 第 21 节 学习有意义的材料时学习速度的增加

为了想知道有意义的和无意义的材料的共同性和差异,我有时用拜伦的原文的《唐璜》进行试验。这些材料不太适合在这里讨论,因为在每次试验中我并没有变更学习材料的分量,而只是一次识记几节。但是把所需要的诵读次数列出来,也是有兴趣的,因为可以和上列的数字材料进行对比。

　　这里要考虑只有7个试验(1884年),每个试验包括6节诗。把6节诗学习到可以第一次无误的复现,总共平均需要诵读52次(机误=±0.6)。每节诗需要的还不到9次;如果减去无误背诵的那一次,就还不到8次。[①]

　　如果我们记得每一节诗包括80个音节(但是每个音节平均少于3个字母),如果把这里需要诵读的次数和前列(无意义音节的)结果比较,那就可以对于识记材料的意义、节律、音韵和语言语法等总合联系所产生的异常的优越性有一个大致数量化的表达。如果想象上图中的曲线照现在的进程延伸,那就必须假定:我若识记一组80～90个无意义音节,需要诵读70～80遍。如果音节由上述的种种联系在客观上和主观上联结起来,在我的情况,识记所需要的诵读次数就要缩减到大约$\frac{1}{10}$。

---

　　① 为了正确估计这些数字和正确地联系个人的观察材料,请参看第13节。为了取得方法上的一致,每节诗是从头到尾一遍一遍地读;较难的句、段也不单独学习以后再补入全节。如果那样进行学习,用的时间就要短得多,也就谈不到诵读次数了。诵读是按尽量一致的速度进行的,但并没有像识记无意义音节时那样慢和用机械方法控制。速度是用自觉的估计调节的。把一节诗念一遍大致用20秒钟至23秒钟。

## 第六章

# 记忆保持和诵读次数的关系

简要说来：对于音节组增加反复诵读次数对于它的照前述意义的内部巩固性的影响，在开始时大致和诵读的次数成比例关系；随着诵读次数的增加，这种影响逐渐相对地降低；到最后音节组是那样铭记熟了，24小时以后几乎可以自动地背诵出来，再增加诵读次数的效果就很小了。因为这种影响的降低可以说是逐渐的和连续的，在更精确的研究中，就是在我看到比例关系的范围以内，或许应当看到这种降低的开始。但现在因为这种影响的数量不大而误差的范围很广，这种降低的开始还是隐蔽的。

## 第22节 问题说明

第四章所报道的结果可以概括如下：在多次重复的情况下，我识记一定长度的音节组达到第一次可能的复现所需要的时间（或诵读次数），彼此间有很大的差异，但由此得到的平均数值则具有自然科学上的纯正的常数的性质。所以，一般说来，我在同样条件下，识记同样性质的音节组，就平均数说，需要同样数目的诵读。个别数值彼此间较大的差异并不能改变总的结果；但是要十分确切地详尽地说明所需要的数量还要用很多的时间。

我们可以问：如果实际用的诵读次数不及识记所需要的，将发生什么情况呢？超过了必需的最低量，又怎样呢？

对于实际发生的情况的一般性质，已经叙述过了。在后一种情况下，超过最低必需量的多余的诵读，并不是浪费。虽然对于当时的效果,平稳的无误的复现,并不发生什么可见的影响,但是它们对于在或长或短的时间之后的可能的复现,就不是没有显著影响了。一个人学习的时间越长,他记忆保持越久。就是在第一种情况下,虽然诵读的次数不足达成自由的复现,但也产生了一定的变化。至少是为第一次的无误的复现打通了道路,由不连贯的、迟疑的、错误的复现就逐步接近无误的复现。

这种关系可以形象地描述为音节组或深或浅地镂刻在一定的心理的实体上。可以这样形象地设想:诵读的次数逐步增加,音节组就被镂刻得越来越深,越不易冲刷掉;如果诵读的次数少,镂刻仅是在表面,只能暂时看出大致的轮廓;诵读次数多一些,在一定时期内,就可以随意地阅读铭文;如果诵读的次数更多,音节组就被深深镂刻下来了,只有经过长的时间间隔才会逐步消失掉。

如果一个人对于诵读次数和心理印象深度之间的依存关系不满足于这样一般的说法,而要求更清楚和更详尽的说明,我们还有什么可说呢?温度增高时,寒暑表上的度数也增高;环绕的电流的强度增加时,电磁针偏斜的角度也就加大。但是温度等量地逐步增高时,水银柱总是以等距上升;而磁针却随电流的逐步增强位移的角度的变化逐步缩小。识记音节组时,诵读次数对所产生的印象的深度的影响,类似哪一种情况呢?不用进一步讨论我们能否假定,诵读次数和印象深度是成比例的,因而可以说用同等程度的注意识记类似的音节组,诵读次数多两倍或三倍的,印象也就深刻两倍或三倍呢?或者是,当诵读次数以固定的比例增加时,印象的增强就越来越少呢?或者究竟发生什么情况呢?

显然,这个问题是个很好的问题,它的答案既有理论的又有实际的兴趣与重要意义。但就我们现在手边所有的资料,还不能得出答案,甚至还不能进行研究。只要是"内部的稳定性"、"印象的深度"等词所指是不确切的比喻性的东西,而不是清楚的、可以客观地下定义的东西,就连它们的意义也不能明确的。

应用第五节中所叙述的原则,我把一组观念的内部的稳定性——它被保持的程度——看做是在它第一次识记之后的一定的时间内复现的难易的程度。我用重新学习这一组比识记同样的但完全新的组时所节省的工作量测量这种复现的难易程度。

在两次识记过程间的间隔时间是可选择的,我选定了 24 小时。

因为这个定义中,我们并不是企图解决一般的语词的用法问题,所以不能问这个定义是否正确,只能问它是否适用,或者,至多只能问,它是否能用于同心理印象的不同深度这个概念相联系的那个不甚明确的观念。这样用似乎是可以允许的,但事前很难说它究竟适用到什么程度。这只有在得了大量的结果以后才能判断。判断的性质依赖于借这种测量方法获得的结果是否能满足我们所提及的任何测量的系统的最基本的要求。这要求是:如果在那一尺度的可以控制的条件中作任何的变更,那么用这尺度的新的形式所得到的结果,乘以一定的常数,就可变为旧尺度的数量。例如,在我们的情形下,就需要知道:如果不用 24 小时这个随意选择的测量复习的后效的时间,而用其他的时间间隔,所得结果的性质是否还相同?还是随着一定不同的结果的绝对数值的改变,而说明结果的全部原理也因而改变呢?这自然是不能事先断定的。

为了确定对一个音节组的诵读次数的增加和记忆印象逐渐加深之间的依存关系，我把问题规定如下：如果同类的音节组由于诵读次数不同形成记忆印象的巩固程度不同，那么在 24 小时之后重新学习到第一次恰能背诵的程度，重学时节省的诵读次数之间是什么关系？和原来识记时诵读次数之间是什么关系呢？

## 第 23 节  试验与结果

为了解答上述的问题，我进行了 70 个复式的试验，每个试验包括 6 个音节组，每组 16 个音节。每个复式的试验是这样进行的：对每个音节组——各个音节组分别进行——集中注意诵读一定的遍数（时常是诵读了一定遍数之后就不是阅读而是背诵了），24 小时之后，对这样识记又部分遗忘的音节组再重新学习到第一次恰能背诵。第一次识记时诵读的次数分别是 8，16，24，32，42，53，64 次。

在第一次识记时，至少就这样长的 6 个音节组来说，把诵读次数增加到 64 次以上，是证明不切实际的。在每个试验中诵读这样多的次数（64 次）就需要大约三刻钟，在试验终了时试验者就常感到疲倦、头痛和其他症状。如果把诵读次数再要增多，就要把试验的情况弄得更复杂了。

七种诵读次数在各试验中是平均分配的，用每种诵读次数都做了 10 个复式试验。在下列的结果中，每个试验中 6 个音节组所用的时间是合并计算的，背诵的时间也包括在内。

下表中 $x$ 是第一次识记时诵读的次数，$y$ 是 24 小时以后重

学所用的时间（秒）。

| $x$ | 8 | 16 | 24 | 32 | 42 | 53 | 64 |
|---|---|---|---|---|---|---|---|
| $y$ | 1171 | 998 | 1013 | 736 | 708 | 615 | 530 |
| | 1070 | 795 | 853 | 764 | 579 | 579 | 483 |
| | 1204 | 936 | 854 | 863 | 734 | 601 | 499 |
| | 1180 | 1124 | 908 | 850 | 660 | 561 | 464 |
| | 1246 | 1168 | 1004 | 892 | 738 | 618 | 412 |
| | 1113 | 1160 | 1068 | 868 | 713 | 582 | 419 |
| | 1283 | 1189 | 979 | 913 | 649 | 572 | 417 |
| | 1141 | 1186 | 966 | 858 | 634 | 516 | 397 |
| | 1127 | 1164 | 1076 | 914 | 788 | 550 | 391 |
| | 1139 | 1059 | 1033 | 975 | 763 | 660 | 524 |
| 平均 | 1167 | 1078 | 975 | 863 | 697 | 585 | 454 |
| 机误 | ±14 | ±28 | ±17 | ±15 | ±14 | ±9 | ±11 |

上表中所列数字是在学习背诵 24 小时以前识记过的音节组时实际应用的时间（秒数）。因为我们感兴趣的不是实际应用的时间，而是节省的时间，所以我们必须知道，如果事前没有学习过，要识记同样的音节组要用多少时间。在诵读 42，53 和 64 次的一些音节组中，试验本身就提供初次识记时所用的时间，因为在这样的情况下，诵读的次数已经超过了达到第一次可能的复现所需要的平均最低的次数，这在 16 个音节的组是 31 次（参看第 19 节）。在这些情况下，当诵读次数逐步增加时我们可以确定达到第一次无误的复现所在的点。但是因为诵读的次数逐步增加，试验的时间也因而延长，条件也就会和平常学习新的字表时有所不同了。而在那些诵读次数较上述为少的音节组，试验又不能提供需要的数字，因为按照实验计划，它们没有学习到能够完全背诵。因之我就宁愿不用学习相同的而学习相似的以

前没有学过的音节组所用的时间做标准,计算每次所节省的工作量。为了这个目的,我据有在试验期内的一个相当准确的数字:按 53 个试验的平均结果,识记任何 16 个音节的组,需时 1270 秒,机误相当小,只有±7。

如果把所有的有关的平均数值和这个数值联系起来,就得到下表。

| 以前识记时诵读次数(X) | 24 小时后重学时用的时间(秒)(Y) | | 由于以前的学习节省的时间(秒)(T) | | 每诵读一次所节省的时间(秒)(D) |
|---|---|---|---|---|---|
| | 时间 | 机误 | 时间 | 机误 | |
| 0 | 1270 | 7 | | | |
| 8 | 1167 | 14 | 103 | 16 | 12.9 |
| 16 | 1078 | 28 | 192 | 29 | 12.0 |
| 24 | 975 | 17 | 295 | 19 | 12.3 |
| 32 | 863 | 15 | 407 | 17 | 12.7 |
| 42 | 697 | 14 | 573 | 16 | 13.6 |
| 53 | 585 | 9 | 685 | 11 | 12.9 |
| 64 | 454 | 11 | 816 | 13 | 12.8 |
| | | | | | 平均 12.7 |

表中这些数字之间的简要的关系是很显然的:为了加深对音节组的印象所用的诵读次数(第一栏,X)和 24 小时后重学时由于第一次识记时的印象所节省的工作量(第三栏,T)的增加是一致的。用以前识记时诵读次数除节省的时间得到的系数,是一个几乎完全的常数值(第四栏,D)。

测验的结果可以简要地陈述如下:当 16 个音节的无意义音节组由注意地反复诵读以越来越深的程度铭记于心时,其印象的内部的深度的增长,在一定范围内,大致和诵读次数的增加成正比。印象深度的增长是由 24 小时后再把这音节组重学到

能够复现的难易程度测定的。所确定的这种依存关系的范围在一端是零,另一端是平均达到音节组恰能复现所需要的诵读次数的一倍。

每诵读一次的效果——也就是它使重学时节省的数量——以 6 个音节组合并计算,平均 12.7 秒,所以每一个音节组是 2.1 秒。因为把一个 16 个音节的音节组诵读一次需要 6.6 秒至 6.8 秒,所以在 24 小时后所保持的效果还几乎有诵读一次所需要的时间的 $\frac{1}{3}$。换句话说,我在一天内学习一个音节组每多诵读三次,24 小时后重学时平均就多节省一次诵读;并且在上述的范围内,不管在识记音节组时诵读了多少遍,都是如此。

这些结果是否具有更普遍的意义,还是仅只它们本身所具有的现象,因而给人一种实际在其他方面并不存在的虚假的规律性的印象,我现在不能断定,我没有直接的控制试验。但是以后(第八章,第 34 节)在叙述研究另外一个问题所得的结果时,可以看到那些结果和当前的结果是一致的,我可以为这个问题提供一些间接的证据。所以我倾向于认为这些结果有普遍的可靠性,至少在我个人的情况是如此。

**注**:在这些试验中有一种内在的不一致性,我既无法避免,也不能校正,只能把它指出来。这就是,如果一个音节组只诵读少数几次,那么只需要少数几分钟,因之诵读时是正在精力充沛的时候。一个音节组若诵读 64 次,就需要 3 刻钟,这个音节组大部分是在精力减低,甚至疲乏的情况下诵读的,因之这时的诵读就可能效率要低一些。但是在第二天重学和复现这些音节组时,情况又相反了。诵读过 8 次的音节组重学到能够背诵要比诵读了 64 次的音节组需要的时间多三倍。因之后者较快地重

学了,不仅因为它原来的巩固程度较高,也可能因为它是在较好的条件下重学的。这些不规律性是明显的彼此相反的,因之可能部分地彼此平衡:原来在比较不利的条件下识记的音节组,在较利的条件下重学;反过来,情况也是一样。但是这种平衡能达到什么程度,条件中还有什么其他的不一致性,它们如何影响结果,我就说不出了。

## 第24节 回忆的影响

在获得结果的正常的过程中有一个因素是值得特别注意的。这在日常生活中是异常重要的,至少就记忆所采取的形式来说是如此,这就是复现是否伴随着回忆——也就是,重现的观念是单纯地重新出现了呢,还是关于它们以前发生时的情况、条件的认识也一并重现了。因为在第二种情况下的重现,对我们实际的目的和高级心理活动的表现来说,更有较高的和特殊的价值。现在的问题是:在这些观念的内部活动和有时伴随有时不伴随意识中的表象出现的回忆的复杂的现象之间有什么联系?我们的结果对于回答这个问题提供了一点资料。

只诵读了 8 次或 16 次的音节组,在第二天我对它们是生疏的。当然,间接地我清楚地知道它们就是我前一天识记过的,但这我仅是间接地知道的。我不是从音节组本身知道的,我不认识它们。但是对于那些诵读过 53 次或者 64 次的,我很快地,如果不是立刻地、就把它们当作了老相识,我清楚地记得它们。在识记的时间和节省的工作量中,这种差别并没有相应地清楚地表现出来。在没有可能回忆时,它们也不相对小些,而有确切、

清晰的回忆时,也并不相对地大一些。多次反复诵读的效果的规律性并没有明显地离开一般的趋势,也就是说,这种效果伴有回忆时就需要显著少量的诵读,而在没有伴随回忆时就确实相反。

我只是把这个值得注意的事实提出来。在共同的原因没有证明以前,一般的结论是缺乏根据的。

### 第 25 节 显著增加诵读次数的效果

在我的情况下,在一定范围之内,对一个音节组的诵读次数和以后重学它时节省的工作量之间的比例关系,超过了这个范围还是否存在,这是一个有兴趣的问题。在识记时诵读一次,就可在 24 小时后重现时大约节约一次诵读的 $\frac{1}{3}$ 的时间,如果这种关系也能进一步维持,那么只要在第一天识记时我用比第一次无误复现所绝对需要的多三倍的诵读次数,在 24 小时后只要呈现第一个音节,我就应该可以自动地把 16 个音节的音节组背诵出来。因为识记时需要诵读 31~32 次;达到这个目的,就需要诵读大约 100 次。根据所找到的这种依存关系的普遍的可靠性,只要对音节组的重复诵读的"继续效果系数"被确定了,为使任何种类的音节组在 24 小时后可以无误复现,识记时需要进行的诵读次数都可以计算出来。

我没有用尚未用过的 16 音节的音节组进行关于增加诵读次数的问题的研究,因为像以前指明过的,任何把试验时间作大量的延长的做法都会增加疲劳和一定的困倦,这就使问题复杂化了。但是我用一部分较短的音节组和一部分熟悉的音节组,做了一些试探性的试验,所得的结果证实了如果进一步增加诵读次数,上述的比例关系就逐渐失效了。用24小时后节省的工作量作标准,后来增加的诵读次数的效果是越来越低的。

每个试验应用6个音节组,每组12个音节。每个音节组学习到能做第一次可能的复现。在作了复现之后,又立刻进行诵读,诵读次数为识记时所需要的诵读次数(不包括复现时的一次背诵)的3倍。24小时后进行重学,达到第一次可能的复现。四个试验的结果如下表(表中数字是诵读次数)。

| 6个音节组识记和背诵时诵读次数 | 复现后为增强记忆继续进行的诵读次数 | 6个音节组的全部诵读次数 | 24小时后重学所需诵读次数 | 节省的诵读次数 |
| --- | --- | --- | --- | --- |
| 104 | 294 | 389 | 41 | 63 |
| 101 | 285 | 386 | 39 | 62 |
| 114 | 324 | 438 | 49 | 68 |
| 109 | 309 | 418 | 38 | 71 |
| 平均:107 | 303 | 410 | 41 | 66<br>机误:1.4 |

在我个人的情况下,在合理的范围之内,对于12音节的音节组的重复诵读的24小时后的效果比16音节的音节组的效果稍低一些;这种效果至少可以估计为全部诵读次数的$\frac{3}{10}$[①]。如果在反复诵读许多次之后这种关系还大致可以保持,那么可以预期:如果对音节组诵读到达到第一次可能的复现所需要的四倍的次数,在24小时之后就可以背诵出来,不需要再消耗精力,从事重学。但在上列的结果中,重新学习时还用了相当于第一次

---

① 参看第23节。——译者注

识记时的35%的工作量。平均诵读410次的效果只是节省大约这个数量的$\frac{1}{6}$。如果开始时的诵读的效果占这个数量的$\frac{3}{10}$。后来诵读的效果一定是很低的。

另一类性质的研究，在这里我不能详尽报导，也得出了同样的结果。不同长短的音节组，经过多次的诵读，逐步识记达到能够背诵，但诵读不是在一天内进行的，而是分散在连续的几天之内（参看第八章）。在达到第一次无误的复现这个识记的阶段之后，多诵读了比实际所需要的多三倍或四倍的次数，过了几天之后，只需要少数几次诵读就可使音节组达到能够背诵了。但没有一次我能在24小时以后不用再读一遍或者几遍就能做出无误的复现来。重复诵读的效果还是存在的，这由节省的一定的工作量中表现出来，但随着节省的工作量的比例的降低，也就表明这种效果也是降低了。只由24小时前的多次诵读是很难完全消除对音节组需要重学的工作的。

简要说来：对于音节组增加反复诵读次数对于它的照前述意义的内部巩固性的影响，在开始时大致和诵读的次数成比例关系；随着诵读次数的增加，这种影响逐渐相对地降低；到最后音节组是那样铭记熟了，24小时以后几乎可以自动地背诵出来，再增加诵读次数的效果就很小了。因为这种影响的降低可以说是逐渐的和连续的，在更精确的研究中，就是在我看到比例关系的范围以内，或许应当看到这种降低的开始。但现在因为这种影响的数量不大而误差的范围很广，这种降低的开始还是隐蔽的。

# 第七章

# 保持与遗忘和时间的关系

所有的观念，如果听其自然，都会逐渐遗忘。这是众所周知的事实。成组的或相互连贯的一些观念，最初我们很容易回想起来，或者它们能经常地自动地出现在意识中，并带有鲜明的色彩，但逐渐地复现的机会少了，色彩淡了，只有经过有意识的艰苦的努力才能想起它们，还常是只能想起一部分。除了确有一些特殊的例外，再过了更长的时间，连一部分也就想不起来了。人名、面容、知识和经验的一些片断，好像忘记许多年了，又有时突然出现在心中，特别是在梦中，并且具有很多的细节和很大的鲜明性；很难看出来，它们是从哪里来的，在间隔的时间内它们又如何隐蔽得那样好。心理学家们，各自从他们的一般观点出发，对这些事实的解释有不同的看法，这些看法并不完全相互排斥，但也不能相互谐调。

## 第 26 节 对保持和遗忘的解释

所有的观念,如果听其自然,都会逐渐遗忘。这是众所周知的事实。成组的或相互连贯的一些观念,最初我们很容易回想起来,或者它们能经常地自动地出现在意识中,并带有鲜明的色彩,但逐渐地复现的机会少了,色彩淡了,只有经过有意识的艰苦的努力才能想起它们,还常是只能想起一部分。除了确有一些特殊的例外,再过了更长的时间,连一部分也就想不起来了。人名、面容、知识和经验的一些片断,好像忘记许多年了,又有时突然出现在心中,特别是在梦中,并且具有很多的细节和很大的鲜明性;很难看出来,它们是从哪里来的,在间隔的时间内它们又如何隐蔽得那样好。心理学家们,各自从他们的一般观点出发,对这些事实的解释有不同的看法,这些看法并不完全相互排斥,但也不能相互谐调。一类的看法好像是对于鲜明的表象在长时期以后还能显著地复现,给予特别的重视。他们设想在由外界印象产生的知觉中留有浅淡的表象或"痕迹",这种表象或"痕迹"虽然比起原来的知觉来在各方面都是比较微弱和不稳定的,但它们可以继续存在,而不失去原来的强度。这些心理的印象在强度和巩固度上不能和实际生活中的知觉相比,但在知觉完全或部分地消失的场合,表象的优越性就是无限的了。早先的表象也好像越来越多地被后来的表象所重叠与掩盖,因之早期表象复现的可能就越来越少和更困难。但是如果有意外的有利的环境条件,能把积累的掩盖物抛开,在下面隐藏着的也一定能够重现,不管经过多么久的时间,还会具有它的原初的、仍然存在的鲜明性。①

在另一派②看来,观念和继存的表象都要经受变化,这就越来越多地影响它的性质。在这里就有所谓"晦暗"(obscuration)的概念。较旧的观念好像是被新的观念压制而沉没下去。随着时间的消逝,这些性质中的一种,即内在的清晰性和意识的强度就要受到损伤。观念间的联结和连贯的观念要经过同样的逐渐变弱的过程。它还会进一步使观念分解成它们原来的组成成

---

① 这是亚里士多德的见解,现在还有许多人赞同。例如最近德波夫(Delboeuf)又采用了这种说法,作为他的"关于感受性的一般原理"的补充。在他的"睡眠与梦"一文(哲学详论,Ⅸ卷,153页)中,他说道:"我们现在看出来,这是一条普遍的规律:感觉、思维或意志的任何一项活动都在我们的心理上留下或深或浅但不能消除的印迹,这种痕迹总是铭记在无数的以前形成的痕迹上面,而以后它自己又被无数其他的痕迹所掩盖,但无论如何它还总能鲜明、清晰地再现。"他也确实继续说道:"虽然如此……下述说法是有一定的真实性的,即记忆不仅可以变得疲乏,也可以消失。"但是对于这种现象他是用一种记忆可以阻碍另一种记忆的重现的理论来解释的,"如果一种回忆不能实际上驱逐走另一种回忆,至少可以认为,一种回忆可以妨碍其他的回忆,而使一个人的脑子处于饱和状态。"

培因和其他一些人的在心理学上和生理学上都难说得通的关于每一个观念都存在于一个神经节细胞内的离奇的假说,在一定程度上也是基于亚里士多德的观点的。

② 海尔巴特(Herbart)和他的支持者。参看,例如魏兹(Waitz)的心理学手册,第十六节。

分,结果就是现在只有微弱联结的各部分以后能形成新的组合。越来越受多的压抑的观念要完全消逝也只发生在很长时间之后。但是我们不要把被压制着的变得晦暗的观念设想为暗淡的表象,它们毋宁是一些趋势,改造沉没下去的观念内容的"倾向"。如果这种倾向得到一定的支持与加强,那么在压制和阻碍它们的观念也被压制的时候,好像是完全遗忘了的观念就会以完全的清晰性再行显现出来。

第三种意见认为:至少在复杂的观念,遗忘不是一般的晦暗化而是复杂观念首先分裂为其成分片断,又随之遗失个别成分。最近有人说道,观念溶解成它的各种成分部分,为这种说法提供了唯一的解释。"对于一件复杂事物的观念在我们的记忆中变得不明确了,并不是因为它还是完整的,各部分都存在的,只是好像被意识的较微弱的光芒照射着它;而是因为它变得不完整了,它的有些部分完全丢失了。更重要的是现在尚存的那部分之间的确切的联结,一般说来,也消失了,只有在思想上可以想到它们之间从前是有过某种的结合;在一定的范围之内我们想到这样或那样的联结都是同样可能的,而不能作最后决定,这个范围的大小就决定这个有关的观念的确切的程度"[①]。

上述的每种见解都从我们有时有的实际的或我们想它是实际的内部经验中得到一定的支持,对各种意见的支持也不是彼此不相容的。为什么?因为这些偶然的容易获得的内部经验是太不确切、太浮浅,能容许各种各样的解释,而难于就它的整体上说只容许一种解释,甚至难于明显地倾向于一种可能性。谁

---

[①] 陆宰(Lotze):形而上学(1879),第521页;微观世界(3),卷Ⅰ,第231页。

能用一定程度的精确度描述观念的假想的掩遮、沉没或分裂的逐步的过程呢？对于由一些内容不同的观念所引起的抑制，或对于由于把它的成分用于一种新的结合而使一个巩固的复杂的观念遭受到的溶解，谁能相当满意地加以描述呢？对于这些过程每个人都有他自己的"解释"，但那正需要说明的实际情况我们都是同样不知道的。

如果我们考虑到直接的无辅助的观察的局限性和有用的经验的发生的偶然性，这种情况的改进的可能性是很少的。例如，我们如何确定在一定阶段的观念的晦暗的程度或尚余存的片断成分的数目呢？如果几乎完全忘记了的观念不再回到意识中来了，如何追溯这种内部过程的可能的进程呢？

## 第27节 对实际情况的研究方法

应用我们的研究方法，可以对上述的问题，在一个狭小而确切的范围内，进行间接的探索，暂时不管任何的理论，也不能树立理论。

由学习一个音节组而形成的、过了一定的时间变得隐蔽但仍是存在的活动趋向，可以由进一步识记这一音节组而增强，这表明残存的观念的片断可以重新结合起来再形成整体。这时需要的工作量和这些趋向与观念片断不存在时所需要的工作量相比较，可以得到对于在间隔时间内所损失的与所留存的东西的数量的测量。由于在学习和重学之间插入的许多相当确定的观念的集合体而引起的在各种不同性质、不同范围的观念集合体之间的彼此的干扰抑制，可以由重学时或多或少的增加的工作

量中反映出来。观念的各成分间的连结由于其他用途因而松散的情况,可以由下列方法进行研究:先学习一定的音节组,把这些音节组作重新组合又进行识记,再重学原来的组合,确定重学时所需要的工作量的变化。

首先我研究了上述的第一种的关系,把问题提成下列的方式:如果把一定性质的音节组学习到能够背诵,搁置下来不管它,只在时间的影响或充满时间间距内的日常生活的影响下,遗忘的过程是如何进行呢?遭受的损失是用上述的方法确定的:即在一定的时间间隔后,把曾识记过的音节组重新学习,对两次学习需要的时间进行比较。

这些研究是在1879—1880年内进行的,包括163个复式试验。每个复式试验包括识记8个音节组,每组13个音节(其中在上午11—12时学习的38个试验,每试验中只识记6个音节组),过了一定时间再重学一次这些音节组。每次学习要达到连续两次无误的背诵,重学时要达到同样的标准。时间间隔共七种:约$\frac{1}{3}$小时,1小时,9小时,1天,2天,6天,31天。每个复式试验只应用一种时间间隔。

时间间隔是从第一次学习中完成第一组的学习算起,在长时间间隔上,无须计算得很精确。在试验后四种时间间隔的影响时,试验是在上午10—11时,11—12时和下午6—8时进行的(参看第16节)。在报导所得的结果以前,有必要作几点初步的说明。

在一整天或几天之后重学识记过的音节组时,可以假定实验的情况是相同的。但就是外界条件尽可能地保持一致时,除了多做一些试验外也无法抵偿实际发生的波动。在一个整月的间隔之后,内部的差异可以假定是最大的,我就把试验的数目几乎增加了一倍。

在学习和重学的间隔是 1 小时和 9 小时的情况下,在实验条件方面就存在着一种显著的、固定的差异。在一天的晚些的时间里,心理的活动力和感受力都降低了。在早晨学习的音节组,在晚些的时间内重学,除了其他的影响之外,也要比如果重学是在和第一次学习时具有同样的心理活动力时进行的,需要较多的工作量。重学时所得的数字,特别是重学是在 8 小时实际间隔后进行时,遭受了不可忽视的相当程度的缩小,所以为了直接比较,应当确定在一天中 B 时学习一个音节组比在 A 时学习需要多用多少秒钟。但要确定这个数值就需要比我直到现在所做的更多的试验。如果对于 1 小时和 8 小时间的数值作了必要的但是不正确的校正,那就比只用原来数据更不可靠了。

在用最小的间隔,$\frac{1}{3}$ 小时的时候,发生同样的,但是较小的不利情况;但这可能因有另一种情况而得到补偿。全部的时距很短,所以在学习了一个试验的音节组的最后一组之后,几乎是紧接着或只隔一两分钟就重学试验的音节组的第一组。这样学习和重学事实上就形成了一个连续的试验,在这里重学是在心理的清新程度逐渐变得越来越不利的条件下进行的。但在另一方面,因为重学是在很短的时间间隔后进行的,所以进行很快,通常只需要不到学习时所用的时间的一半就可完成。由于这种关系,对一定的音节组来说,学习和重学的时间间隔逐渐变短了。一个试验中后部的音节组在时间间隔方面就处于有利的地位。由于很难作更确切的确定,我就假定,这两种看来是相矛盾的影响大致可以彼此抵消。

## 第 28 节 结 果

对下列各表内应用的符号,说明如下:

$L$——识记音节组时所用的时间,以秒为单位,这是实际记录的时间,其中包括两次背诵所用的时间。

$WL$——重学音节组时所用的时间,也包括背诵的时间。

$WLK$——经过校正的重学的时间,即在必要时减去一定数值后的重学的时间。

$\triangle$——$L-WL$ 或 $L-WLK$ 的时间,依情况而定,也就是重学时所节省的工作量(时间)。

$Q$——节省的时间对第一次学习时所用的时间的比例关系,以百分数表示。在计算这个商数时,我用了实际学习的时间,也就是记录时间中减去了背诵的时间。[1]

估计每组 13 个音节的 8 个组的背诵的时间为 85 秒,这就是说每个音节用 0.41 秒(参看第 15 节)。

所以 $$Q=\frac{100\triangle}{L-85}$$

$A,B,C$ 分别代表以前说明过的一天中三个试验的时间,即上午 10—11 时,11—12 时,下午 6—8 时。

---

[1] 从理论上看来,正确地计算差异和系数的机误是很困难和麻烦的。实际观察的 $L$ 和 $WL$ 的数值应当作为计算的基础。但在这些数值不能应用误差理论的一般的规律,因为这些规律只应用于彼此独立的观察数值,而 $L$ 和 $WL$ 是有内在联系的,因为它们是学习同一些音节的数据。误差的来源,"组的难度",并不是随机变化的,而是在任何一对的数字中变化都是相同的。所以在这里我把音节组的学习和重学当做一个试验,以所得的 $\triangle$ 或 $Q$ 作为它的数据。从分别计算出来的 $\triangle$ 或 $Q$ 再计算机误,就如从直接观察的材料中计算一样。作为对于所得数值的可靠性的大致的估计,这已经够用了。

表一　间隔时间19分,12个试验,学习和重学都是在上午10—11时进行的。

| L | WL | △ | Q |
|---|---|---|---|
| 1156 | 467 | 689 | 64.3 |
| 1089 | 528 | 561 | 55.9 |
| 1022 | 492 | 530 | 56.6 |
| 1146 | 483 | 663 | 62.5 |
| 1115 | 490 | 625 | 60.7 |
| 1066 | 447 | 619 | 63.1 |
| 985 | 453 | 532 | 59.1 |
| 1066 | 517 | 549 | 56.0 |
| 1364 | 540 | 824 | 64.4 |
| 975 | 577 | 398 | 44.7 |
| 1039 | 528 | 511 | 53.6 |
| 952 | 452 | 500 | 57.7 |
| 平均:1081 | 498 | 583 | 58.2 $P.E.m=1$ |

表二　间隔时间63分。16个试验,上午10—11时学习,11—12时重学。

为了确定学习进行的时间差别的影响,我有以下材料。在上午11—12时进行的39个试验的平均结果:学习每组13个音节的6个组用时807秒($P.E.m=10$);在上午10—11时进行的92个试验的结果:学习每组13个音节的6个组平均用时763秒($P.E.m=7$)。由此可见,在较晚时间进行学习约比较早时间多用约5%的时间(按较晚时间用时的平均数计算)。所以为了和学习的时间相比较,必须从在11—12时进行重学所用的时间内减去5%。

| L | WL | WLK | △ | Q |
|---|---|---|---|---|
| 1095 | 625 | 594 | 501 | 49.6 |
| 1195 | 821 | 780 | 415 | 37.4 |
| 1133 | 669 | 636 | 497 | 47.4 |
| 1153 | 687 | 653 | 500 | 46.8 |
| 1134 | 626 | 595 | 539 | 51.4 |
| 1075 | 620 | 589 | 486 | 49.1 |
| 1138 | 704 | 669 | 469 | 44.5 |
| 1078 | 565 | 537 | 541 | 54.5 |
| 1205 | 770 | 731 | 474 | 42.3 |
| 1104 | 723 | 689 | 417 | 40.9 |
| 886 | 644 | 612 | 274 | 34.2 |
| 958 | 591 | 562 | 396 | 45.4 |
| 1046 | 739 | 702 | 344 | 35.8 |
| 1122 | 790 | 750 | 372 | 35.9 |
| 1100 | 609 | 579 | 521 | 51.3 |
| 1269 | 709 | 674 | 595 | 50.0 |
| 平均：1106 | 681 | 647 | 459 | 44.2 $P.E.m=1$ |

表三　间隔时间 8 小时 45 分。12 个试验。学习在上午 10—11 时，重学在下午 6—8 时。学习和重学的不同时间的影响是按下列方法计算的：在时间 C 进行的 38 个试验中，每组 13 个音节的 8 个组的学习时间平均是 1173 秒（$P.E.m=10$）；在时间 A 进行的 92 个试验中，每组 13 个音节的 8 个组的学习时间平均 1027 秒（$P.E.m=8$）。前者照自身数值计算比后者多约 12%，因之我就把在 C 时间进行的重学的数字中减少 12%。

| L | WL | WLK | △ | Q |
|---|---|---|---|---|
| 1219 | 921 | 811 | 408 | 36.0 |
| 975 | 815 | 717 | 258 | 29.0 |
| 1015 | 858 | 755 | 260 | 28.0 |
| 954 | 784 | 690 | 264 | 30.4 |
| 1340 | 955 | 840 | 500 | 39.8 |
| 1061 | 811 | 714 | 347 | 35.6 |
| 1252 | 784 | 690 | 562 | 48.2 |
| 1067 | 860 | 757 | 310 | 31.6 |
| 1343 | 1019 | 897 | 446 | 35.5 |
| 1181 | 842 | 741 | 440 | 40.1 |
| 1080 | 799 | 703 | 377 | 37.9 |
| 1091 | 806 | 709 | 382 | 38.0 |
| 平均：1132 | 855 | 752 | 380 | 35.8 $P.E.m=1$ |

**表四** 间隔时间 1 天。26 个试验，其中 10 个是在 $A$ 时间进行的，8 个在 $B$ 时间（所有在 $B$ 时间进行的试验，每试验只有 6 个音节组），8 个在 $C$ 时间。结果分别列出。

**A 时间**

| L | WL | △ | Q |
|---|---|---|---|
| 1072 | 811 | 261 | 26.4 |
| 1369 | 861 | 508 | 39.6 |
| 1227 | 823 | 404 | 35.4 |
| 1263 | 793 | 470 | 39.9 |
| 1113 | 754 | 359 | 34.9 |
| 1000 | 644 | 356 | 38.9 |
| 1103 | 628 | 475 | 46.7 |
| 888 | 754 | 134 | 16.7 |
| 1030 | 829 | 201 | 21.3 |
| 1021 | 660 | 361 | 38.6 |
| 平均：1109 | 756 | 353 | 33.8 $P.E.m=2$ |

**B 时间**

| L | WL | △ | Q |
|---|---|---|---|
| 889 | 650 | 239 | 29.0 |
| 824 | 537 | 287 | 37.8 |
| 897 | 593 | 304 | 36.5 |
| 825 | 599 | 226 | 29.7 |
| 854 | 562 | 292 | 37.0 |
| 863 | 761 | 122 | 14.9 |
| 742 | 433 | 309 | 45.6 |
| 907 | 653 | 254 | 30.1 |
| 平均:853 | 599 | 254 | 32.6<br>$P.E.m=2.2$ |

**C 时间**

| L | WL | △ | Q |
|---|---|---|---|
| 1212 | 935 | 277 | 24.6 |
| 1215 | 797 | 418 | 37.0 |
| 1096 | 647 | 449 | 44.4 |
| 1191 | 684 | 507 | 45.8 |
| 1256 | 898 | 358 | 30.6 |
| 1295 | 781 | 514 | 42.5 |
| 1146 | 936 | 210 | 19.8 |
| 104 | 750 | 314 | 32.1 |
| 平均:1184 | 803 | 381 | 34.6<br>$P.E.m=2.3$ |

学习和重学所用时间之间的平均差异,在一天内不同的时间内是不同的(当然在 B 时间进行的试验中平均差异的 254 应乘以 $\frac{4}{3}$,因为它是由 6 个音节组的结果得来的)。但是这些差异和学习所用时间的关系(以 Q 表示)还是相当一致的。所以可

以把所有的 $Q$ 数值合并起来,计算平均 $Q$ 值,$Q=33.7$($P.E.m=1.2$)。

表五 间隔时间,2 天。26 个试验,其中 11 个在 $A$ 时间进行,7 个在 $B$ 时间,8 个在 $C$ 时间。

$A$ 时间

| $L$ | $WL$ | $\triangle$ | $Q$ |
| --- | --- | --- | --- |
| 1066 | 895 | 171 | 17.4 |
| 1314 | 912 | 402 | 32.7 |
| 963 | 855 | 108 | 12.3 |
| 964 | 710 | 254 | 28.9 |
| 1242 | 888 | 354 | 30.6 |
| 1243 | 710 | 533 | 46.0 |
| 1144 | 895 | 249 | 23.5 |
| 1143 | 874 | 269 | 25.4 |
| 1149 | 953 | 196 | 18.4 |
| 1090 | 855 | 235 | 23.4 |
| 1376 | 847 | 529 | 41.0 |
| 平均：1154 | 854 | 300 | 27.2 $P.E.m=2.3$ |

$B$ 时间

| $L$ | $WL$ | $\triangle$ | $Q$ |
| --- | --- | --- | --- |
| 752 | 549 | 203 | 29.5 |
| 1087 | 740 | 347 | 33.9 |
| 1073 | 620 | 453 | 44.9 |
| 826 | 693 | 133 | 17.5 |
| 905 | 548 | 357 | 42.4 |
| 811 | 763 | 48 | 6.4 |
| 782 | 618 | 164 | 22.8 |
| 平均：891 | 647 | 244 | 28.2 $P.E.m=3.5$ |

C 时间

| L | WL | △ | Q |
|---|---|---|---|
| 1246 | 889 | 357 | 31.6 |
| 1231 | 885 | 346 | 30.2 |
| 1273 | 1039 | 234 | 19.7 |
| 1319 | 925 | 394 | 31.9 |
| 1125 | 971 | 154 | 14.8 |
| 1275 | 891 | 384 | 32.3 |
| 1322 | 857 | 465 | 37.6 |
| 1170 | 880 | 290 | 26.7 |
| 平均：1245 | 917 | 328 | 28.1<br>$P.E.m=1.8$ |

三个平均的 $Q$ 值，它们本来是百分数，都很接近，再求其平均，26 个试验的总平均 $Q$ 值 $=27.8(P.E.m=1.4)$。

表六　间隔时间，6 天。26 个试验，其中 10 个在时间 $A$，8 个在时间 $B$，8 个在时间 $C$。

A 时间

| L | WL | △ | Q |
|---|---|---|---|
| 1076 | 868 | 208 | 21.0 |
| 992 | 710 | 282 | 31.1 |
| 1082 | 756 | 326 | 32.7 |
| 1260 | 973 | 287 | 24.4 |
| 1032 | 864 | 168 | 17.7 |
| 1010 | 955 | 55 | 5.9 |
| 1197 | 818 | 379 | 34.1 |
| 1199 | 828 | 371 | 33.3 |
| 943 | 697 | 246 | 28.7 |
| 1105 | 868 | 237 | 23.2 |
| 平均：1090 | 834 | 260 | 25.2<br>$P.E.m=1.9$ |

B 时间

| L | WL | △ | Q |
|---|---|---|---|
| 902 | 564 | 338 | 40.3 |
| 793 | 517 | 276 | 37.9 |
| 848 | 639 | 209 | 26.5 |
| 871 | 709 | 162 | 20.1 |
| 1034 | 649 | 385 | 39.7 |
| 745 | 728 | 17 | 2.5 |
| 975 | 645 | 330 | 36.2 |
| 805 | 766 | 39 | 5.3 |
| 平均：872 | 652 | 220 | 26.1  $P.E.m=4$ |

C 时间

| L | WL | △ | Q |
|---|---|---|---|
| 1246 | 922 | 324 | 27.9 |
| 1334 | 1097 | 237 | 19.0 |
| 1293 | 939 | 354 | 21.0 |
| 1401 | 988 | 413 | 31.4 |
| 1214 | 992 | 222 | 19.7 |
| 1299 | 1045 | 254 | 20.9 |
| 1358 | 1047 | 311 | 24.4 |
| 1305 | 881 | 424 | 34.8 |
| 平均：1306 | 989 | 317 | 24.9  $P.E.m=1.6$ |

全部26个试验节省工作量百分数的平均数是25.4（$P.E.m=1.3$）。

表七　间隔时间31天。45个试验,20个在 A 时间,15个在 B 时间,10个在 C 时间。

**A 时间**

| L | WL | △ | Q |
|---|---|---|---|
| 1069 | 813 | 256 | 26.0 |
| 1109 | 785 | 324 | 31.6 |
| 1268 | 858 | 410 | 34.7 |
| 1280 | 902 | 378 | 31.6 |
| 1180 | 848 | 332 | 30.3 |
| 1095 | 888 | 207 | 20.5 |
| 1089 | 988 | 101 | 10.1 |
| 1113 | 1043 | 70 | 6.8 |
| 1090 | 1025 | 65 | 6.5 |
| 997 | 876 | 121 | 13.3 |
| 1116 | 934 | 182 | 17.7 |
| 1060 | 893 | 167 | 17.1 |
| 930 | 796 | 134 | 15.9 |
| 1030 | 769 | 261 | 27.6 |
| 980 | 862 | 118 | 13.2 |
| 1079 | 805 | 274 | 27.6 |
| 1254 | 978 | 276 | 23.6 |
| 1164 | 938 | 226 | 20.9 |
| 1127 | 869 | 258 | 24.8 |
| 1268 | 972 | 296 | 25.0 |
| 平均：1115 | 892 | 223 | 21.2<br>$P.E.m=1.3$ |

**B 时间**

| L | WL | △ | Q |
|---|---|---|---|
| 831 | 638 | 193 | 25.2 |
| 867 | 516 | 351 | 43.7 |
| 960 | 748 | 212 | 23.7 |
| 828 | 675 | 153 | 20.0 |
| 859 | 705 | 154 | 19.4 |
| 838 | 661 | 177 | 22.9 |
| 946 | 887 | 59 | 6.7 |
| 833 | 780 | 53 | 6.9 |

续表

| | | | |
|---|---|---|---|
| 696 | 532 | 164 | 25.9 |
| 757 | 626 | 131 | 18.9 |
| 906 | 733 | 173 | 20.5 |
| 1024 | 915 | 109 | 114 |
| 930 | 780 | 150 | 17.3 |
| 899 | 756 | 143 | 17.1 |
| 1018 | 705 | 313 | 32.8 |
| 平均：879 | 710 | 169 | 20.8<br>$P.E.m = 1.4$ |

$C$ 时间

| $L$ | $WL$ | $\triangle$ | $Q$ |
|---|---|---|---|
| 1424 | 1004 | 420 | 31.4 |
| 1307 | 1102 | 205 | 16.4 |
| 1351 | 893 | 458 | 36.2 |
| 1245 | 1090 | 155 | 13.4 |
| 1258 | 895 | 363 | 31.0 |
| 1155 | 1070 | 85 | 7.9 |
| 1219 | 800 | 419 | 36.9 |
| 1278 | 1110 | 168 | 14.1 |
| 1120 | 1051 | 69 | 6.7 |
| 1250 | 1055 | 195 | 16.7 |
| 平均：1261 | 1007 | 254 | 21.1<br>$P.E.m = 2.7$ |

45 个试验平均的节省百分数＝21.1（机误＝0.8）。

把上列各表中的数字粗略一看就可显示出来：在任何一种时间间隔后，重新学习音节组所节省的工作的数量是很有波动的（这种节省的工作量在任一时间间隔都是在间隔终末时的记忆的数值的测量）。从绝对数值（$\triangle$）看是如此，从相对数值（$Q$）看也是如此。这些结果是从早期的试验中获得的，它们受一些

干扰因素的影响,我首先注意到试验本身的影响。

虽然在细节方面有许多不规则的地方,试验结果的整体圆满而确切地形成一幅和谐的图画。为了证明这一点,节省的工作的绝对数值是没有多大价值的。这种数值显然是受一天内的时间的影响的,也就是第一次学习的时间内的变化的影响的。当这种变化是最大时($C$ 时间),△值也是最大的;在 $B$ 时间内有 $\frac{3}{4}$ 的数值大于(乘以 $\frac{4}{3}$ 的)$A$ 时间内的数值。在另一方面,代表节省的工作和原用的时间的关系的 $Q$ 值,则显然地不受这种比例的影响。在一天内三个时间的平均的 $Q$ 值都很接近,在较晚的时间内没有任何上升或下降的征象。所以我把这种数值表列如下:

| 序号 | I<br>时间间隔<br>(小时),$X$ | II<br>所学习的音节组的保持的数量,也就是重学时比初学时节省的时间的%,$Q$ | III<br>平均机误<br>$P.E.m$ | IV<br>遗忘的数量,$v$,相当于初学时所用时间的% |
|---|---|---|---|---|
|  | $X$: | $Q$: |  | $v$: |
| 1 | 0.33 | 58.2 | 1 | 41.8 |
| 2 | 1 | 44.2 | 1 | 55.8 |
| 3 | 8.8 | 35.8 | 1 | 64.2 |
| 4 | 24. | 33.7 | 1.2 | 66.3 |
| 5 | 48. | 27.8 | 1.4 | 72.2 |
| 6 | 6×24 | 25.4 | 1.3 | 74.6 |
| 7 | 31×24 | 21.1 | 0.8 | 78.9 |

## 第 29 节 结 果 讨 论

一、或者可以断言,在过程的开始遗忘是很快的而在最后遗忘是很慢的,这种事实应当是可以预见到的。但在我们的实验的条件下,在一个受试者对一组 13 个音节,遗忘的最初的迅速和最后的缓慢也表现出来,也是值得惊异的。在学习之后一小时,遗忘就发展到相当深的程度了,要用原来的一半的工作量才可使音节组重新达到成诵;在 8 小时之后,要用原来工作量的 $\frac{2}{3}$。但是逐渐地这种过程变得缓慢起来,以致要确定更长时间内的增加的遗忘的分量是比较困难的。在 24 小时之后,大约 $\frac{1}{3}$ 总是记得的;6 天之后大约有 $\frac{1}{4}$,在一个月之后,还足有原来工作的 $\frac{1}{5}$ 充分有效。在上述的这些时间间隔内,这种后效的衰退是这样的慢,可以很容易地预计到,要使对这些音节组的第一次的记诵的效果由于完全置之不顾不加温习而完全消失,只能在一个无限长的时间后才会发生。

二、在结果中最不满意的是第三个和第四个数值的差别,特别是看到第四个和第五个数值的巨大的差别。在 9~24 小时的间隔内,后效的降低是 2.1%。在 24~48 小时的间隔内降低的百分数是 5.9[①];在后面 24 小时内的损失几乎是前面 9 小时内损失的 3 倍。这一种情况是值得怀疑的,因为在所有其他的时间间隔内总是时间越增长,后效的降低就越缓慢。就是按下述的值得考虑的假设,即在 15 小时内大部分是夜晚和睡眠的时间,而在 24 小时内这只占一小部分,因而在相当程度内延缓了后效的降低,这还是值得怀疑的。

---

① 英文本内作 $2\frac{1}{2}$% 和 6.1%,与前表内材料不符合,今依表内材料改正。——译者注

所以,可以假定这三个数值中的一个是受到了意外因素的深刻的影响。如果在其他的观察试验中看到在 24 小时后重学节省的 33.7%,可以认为这是太大了一些;可以设想,如果对这些试验进行更精确的重复,这个数值可能减少 1~2 个单位,可能是更合适的。但这数值是由上述的观察支持的,所以我只是存疑而已。

三、考虑到我们的数量结果的特殊的、只是由个别受试者获得的、不确定的性质,不能立刻希望知道它们表达了什么"规律"。但值得注意的是所有这七个数值代表着从 $\frac{1}{3}$ 小时到 31 天的时距(这是由 1 到 2000 倍),可以把它们列入一个简单的数学公式,而得到相当准确的计算近似值。我设:

$t$,代表以分钟计的时间,从学习结束前 1 分钟计算起。

$b$,代表重学中以第一次学习所用时间的百分数表达的节省的工作量,相当于第一次学习后记忆的数量。

$c$ 和 $k$ 是由结果中计算的两个常数。

公式可以写成

$$b = \frac{100k}{(\log t)^c + k}$$

应用普通的对数,应用不包括用最小二次方的精确计算的大致近似的估计,得出

$$k = 1.84$$
$$c = 1.25$$

结果如下表：

| $t$ | $b$ 观察数值 | $c$ 计算数值 | △ |
|---|---|---|---|
| 20 | 58.2 | 57.0 | +1.2 |
| 64 | 44.2 | 46.7 | −2.5 |
| 526 | 35.8 | 34.5 | +1.3 |
| 1440 | 33.7 | 30.4 | +3.3 |
| 2×1440 | 27.8 | 28.1 | −0.3 |
| 6×1440 | 25.4 | 24.9 | +0.5 |
| 31×1440 | 21.1 | 21.2 | −0.1 |

在计算数值和观察数值的差别中超过机误限度的只有第二个数值和第四个数值。对于第四个数值，我已说过，我怀疑试验结果所得数值大了一些；第二个数值，是受了校正数值的不确定的影响。由于 $t$ 的确定，可以使这公式，在学习终止的时间，计算时可以正确地得到 $b=100$。在音节组刚刚背诵过的那一时刻，自然无须重学或重学不需要时间，所以节省就等于原来的工作量。

求 $k$ 值的公式，是

$$k = \frac{b(\log t)^c}{100-b}$$

$100-b$ 这一个数值是节省的工作的对应部分，也就正是重学时所需要的工作量，也就等于第一次学习后遗忘的分量。把这一数值称为 $v$，就得出下列关系式：

$$\frac{b}{v} = \frac{k}{(\log t)^c}$$

公式的意义可以说明如下：当每个 13 个音节的无意义音节组识记到成诵以后，过了不同的时间重新学习，节省的工作和原来学习时的工作的比值大约是和时间间隔对数的幂成反比。

用更简单的粗略的说法就是：记忆保持的量和遗忘的量的比值和时间间隔对数成反比。

当然这个公式和这个公式的说明只是在上述的条件下由一个受试者得到的结果的简要的叙述，它的意义只在于此。至于它是否对在其他条件下由其他受试者所得到的结果具有较普遍的意义，我现在不能断言。

## 第30节 对照试验

虽然仅是由我个人所得的结果，但我还可由其他时期所做的试验给予上述两个数值以一定程度的支持。

在比上述的研究还早一些的时期，我还做过几个试验，每个试验包括15个音节组，每组有10个音节。把音节组先识记到能够背诵，平均过了18分钟再重学。6个试验的结果如下：

| $L$ | $LW$ | $\triangle$ | $Q*$ |
| --- | --- | --- | --- |
| 848 | 436 | 412 | 57.5 |
| 963 | 535 | 428 | 50.9 |
| 921 | 454 | 467 | 58.5 |
| 879 | 444 | 435 | 57.5 |
| 912 | 443 | 469 | 59.4 |
| 821 | 461 | 360 | 51.6 |
| 平均：891 | 462 | 429 | 56.0 $P.E.m=1$ |

\* 在计算 $Q$ 时从 $L$ 数值内减去的对15个音节组两次背诵的时间是123秒。

当识记了每个10个音节的音节组18分钟之后进行重学，可以节省原来学习时工作的56%。这个数值和前述的在19分钟后重学13个音节的音节组节省工作量的58%（第28节，表一)相当一致。后一数值(58%),虽然时间间隔稍长,反而稍大一些,但以后可以看到,和下一章叙述的结果完全符合。照那些结果,较短的音节组识记以后比较长的音节组遗忘稍快一些。

在 1883—1884 年期间,我做了七个试验,每个试验包括 9 个音节组,每组 12 个音节。在第一次识记 24 小时后重学。所得结果如下:

| L | LW | △ | Q* |
|---|---|---|---|
| 791 | 508 | 283 | 37.9 |
| 750 | 522 | 228 | 32.3 |
| 911 | 533 | 378 | 43.6 |
| 725 | 494 | 231 | 33.9 |
| 783 | 593 | 190 | 27.1 |
| 879 | 585 | 294 | 35.2 |
| 689 | 535 | 154 | 23.9 |
| 平均:790 | 539 | 251 | 33.4 $P.E.m=1.7$ |

在 24 小时之后第一次识记的后效还是相当显著的,在这里表现为等于节省原来工作量的 33.4%。这个数值和前述的 13 个音节的音节组在 24 小时后重学所节省的数量(33.7%,第 28 节,表四)几乎完全一致,虽然这两个数值是在隔了很长的时间,中间又做了许多很不同的研究的试验中得到的。

# 第八章

# 复习的影响和记忆保持

音节组经过识记、遗忘又重新学习,在它们恰能背诵时,它们在内部的情况必然是相似的。集中注意于它们和确认它们时的意识活动的力量都是很高涨的,也就有很相似的复杂的活动和它们联系起来。但在背诵以后的时期,这种内部的相似性就消失了。音节组逐渐忘记了,但是,正如大家很熟悉的,学习过两遍的音节组就比学习过一遍的消退得要慢得多。如果经过两次、三次或更多次的重学,音节组就深深铭记于心,更不易消逝。最后,正像可以预期的,这些音节组可以为心灵所掌握,正如其他的有意义的和常用的表象组合一样,可以随时回忆起来。

## 第 31 节　问题说明与实验研究

　　音节组经过识记、遗忘又重新学习,在它们恰能背诵时,它们在内部的情况必然是相似的。集中注意于它们和确认它们时的意识活动的力量都是很高涨的,也就有很相似的复杂的活动和它们联系起来。但在背诵以后的时期,这种内部的相似性就消失了。音节组逐渐忘记了,但是,正如大家很熟悉的,学习过两遍的音节组就比学习过一遍的消退得要慢得多。如果经过两次、三次或更多次的重学,音节组就深深铭记于心,更不易消逝。最后,正像可以预期的,这些音节组可以为心灵所掌握,正如其他的有意义的和常用的表象组合一样,可以随时回忆起来。

　　我企图对一个音节组的记忆保持的持久性和对它重学到恰能背诵的次数之间的关系,获得数量化的材料。这种关系和第六章中所描述的对音节组的熟识的程度和诵读的次数的关系相

似。但在这里所说的情况中,复习不是在同一时间进行的,而是在不同时间分别进行的,并且复习的次数越来越少。由于我们对这些过程的内部联系认识很少,我们不能根据一种关系贸然断定另一种关系的情况。

在各次重学之间的时间间隔只采取了一种,就是 24 小时。时间间隔没有变化,音节组的长度则有不同,有包括 12,14 和 36 个音节的不同长度的组。一个试验包括第一种长度的 9 个组,或第二种长度的 3 个组,或第三种长度的 2 个组。另外我还用拜伦的《唐璜》的 6 节诗句做了几个试验。

试验设计如下:把一定数量的音节组识记到能够背诵,在第二天的同样时间又把它们重学到能作一次背诵。用音节组做实验时,试验持续 6 天;用拜伦的诗句时,试验持续 4 天。在第五天时,不用任何事先温习,诗句就可以立刻背诵出来,所以问题不存在了,试验不能再继续。用各种长度的音节组都做了 7 次试验,每次试验共需诵读 154 次,这只用几分钟的时间。

下列各表的数字是达到第一次能背诵时所用的诵读次数(包括背诵的那一次);第一行的罗马字码是实验日(如Ⅰ是第一实验日)。

表一　9 个音节组,每组 12 个音节的实验结果

| Ⅰ | Ⅱ | Ⅲ | Ⅳ | Ⅴ | Ⅵ |
|---|---|---|---|---|---|
| 158 | 102 | 71 | 50 | 38 | 30 |
| 151 | 107 | 74 | 42 | 34 | 30 |
| 175 | 105 | 84 | 60 | 36 | 33 |
| 149 | 102 | 72 | 54 | 35 | 28 |
| 163 | 124 | 69 | 61 | 35 | 31 |
| 173 | 117 | 86 | 64 | 42 | 37 |
| 138 | 106 | 71 | 59 | 37 | 30 |
| 平均 158 $P.E.m=3.4$ | 109 2 | 75 1.7 | 56 2 | 37 0.7 | 31 0.7 |

表二　3个音节组,每组24个音节的结果

| I | II | III | IV | V | VI |
|---|---|---|---|---|---|
| 122 | 73 | 45 | 29 | 21 | 16 |
| 127 | 73 | 40 | 25 | 18 | 15 |
| 154 | 78 | 47 | 27 | 18 | 12 |
| 139 | 61 | 33 | 17 | 12 | 10 |
| 133 | 73 | 36 | 26 | 18 | 14 |
| 142 | 66 | 42 | 26 | 17 | 14 |
| 124 | 70 | 36 | 24 | 16 | 14 |
| 平均 134 $P.E.m=2.9$ | 71 1.4 | 40 1.3 | 25 1 | 17 0.7 | 14 0.5 |

表三　2个音节组,每组36个音节的结果

| I | II | III | IV | V | VI |
|---|---|---|---|---|---|
| 115 | 52 | 23 | 18 | 9 | 8 |
| 124 | 59 | 33 | 21 | 12 | 10 |
| 137 | 55 | 26 | 17 | 12 | 8 |
| 109 | 48 | 21 | 16 | 10 | 10 |
| 87 | 39 | 21 | 15 | 13 | 8 |
| 105 | 40 | 22 | 17 | 12 | 10 |
| 110 | 41 | 21 | 16 | 10 | 11 |
| 平均 112 $P.E.m=4$ | 48 2 | 24 1.1 | 17 0.5 | 11 0.4 | 9 0.3 |

表四　拜伦的《唐璜》的6节诗句(第十章)的结果

| I | II | III | IV |
|---|---|---|---|
| 53 | 29 | 18 | 11 |
| 56 | 29 | 16 | 10 |
| 53 | 30 | 15 | 10 |
| 49 | 25 | 14 | 9 |
| 53 | 27 | 16 | 10 |
| 53 | 34 | 21 | 9 |
| 50 | 28 | 17 | 10 |
| 平均 52 $P.E.m=0.6$ | 29 0.7 | 17 0.6 | 10 0.2 |

为了表明结果中各个平均数值之间的关系,必须把各试验的数字化成相同的单位,也就是除以各实验中的音节组数。这样除过之后,再减去用于背诵的那一次,结果列入下表,小数都照近似值作 0.5 或 0.25 计。

| 一个音节组中的音节数 | 在连续几天内每天达到恰能背诵需要诵读的平均次数 | | | | | |
|---|---|---|---|---|---|---|
| | Ⅰ | Ⅱ | Ⅲ | Ⅳ | Ⅴ | Ⅵ |
| 12 | 16.5 | 11 | 7.5 | 5 | 3 | 2.5 |
| 24 | 44 | 22.5 | 12.5 | 7.5 | 4.5 | 3.5 |
| 36 | 55 | 23 | 11 | 7.5 | 4.5 | 3.5 |
| 《唐璜》一节诗 | 7.75 | 3.75 | 1.75 | 0.5 | (0) | (0) |

对这些数字需要从不同的角度进行讨论。

## 第 32 节  音节组长度的影响

如果对第一天和第二天的结果进行分析,就可以对第五章所叙述的因果关系获得值得欢迎的、虽然不是意外的补充资料。在那一章中,曾经表明,音节组的长度增加时,需要的诵读次数急剧增加。这里的结果表明,较多的诵读次数不仅使这些较长的音节组能够成诵,也使它们形成较巩固的联系。在 24 小时之后,再重学到恰能背诵的时候它们的绝对的和相对的节省量都比较短的音节组的为大。

下表内的材料把这种关系表明得更清楚。

| 一组中音节数目 | 学习时诵读次数 | 24小时后重学节省的诵读次数 | 相当于学习时间诵读次数的节省(%) |
|---|---|---|---|
| 12 | 16.5 | 5.5 | 33.3 |
| 24 | 44 | 21.5 | 48.9 |
| 36 | 55 | 32 | 58.2 |

在研究所用的较短的音节组,第二次学习时所节省的相当于第一次学习所用诵读次数的 $\frac{1}{3}$;在长的音节组,是 $\frac{6}{10}$。所以可以约略地说,把36个音节学习到第一次可能背诵,学习的巩固程度比12个音节的音节组的大致高一倍。

这里没有什么新东西。根据通常的经验,学习困难的记忆保持就较好,从较多的复习次数中可以可靠地预测上述一般的结果。难以预测并值得注意的是这种一般关系的精确的确定。就材料中的数据看来,在第一次学习需要的诵读次数的增加和学习的音节组的内部的稳定性之间,并没有直线的关系。无论是绝对的还是相对的节省量的增加都和诵读次数的增加不完全一致。绝对节省量增加很快,而相对量的增加则较慢。所以不能简单地说,一个音节组在今天学习时需要很多次的反复诵读,在24小时后重学时就要节省很多次的诵读。其中的关系是很复杂的,要有更大量的研究才能作精确的确定。

学习和重学英语诗句所需要的诵读次数之间的关系是不容夸张的。一节英语诗在第一天学到成诵需要的诵读次数都不及最短的音节组所需要的一半。这些诗句学习后就达到很高的巩固度,以致在第二天重学时需要诵读的次数,在比例上讲,比24个音节的音节组需要的也不多,就是大致第一次学习时所需要的半数。

## 第33节 复习的影响

  我们必须把连续几天的结果作为一个整体来考虑。每天为了记住一定的音节组需要诵读的平均次数都比前一天的少。在长的音节组(即音节数目多的),第一次达到成诵时用的精力多,每一次再达到能够背诵时所需要的工作量递减也比较快。在短的音节组,第一次的成就较省力,以后工作量的递减也相对地慢些。由于这个原因,不同长度的音节组达到标准所需要的诵读次数逐渐接近。在24个和36个音节的音节组,这在第二天就表现出来了;到了第四天两组的数字就完全一致了。到了第五天,它们接近了诵读次数降低较慢的12个音节的音节组的数字。

  从这需要的工作量连续的递减中无法看到一种简单的规律。各连续两天的需要的诵读次数的比例都接近整数。如果不像在第31节中最末一个表中从总数中减去最后一次背诵时的诵读,而把它计算在内,就更接近整数(在英语诗句的材料中只有这样计算,比值才接近整数)。但这些数值的变化还不能用一个简单的公式描述出来。

  如果我们不考虑所需要的工作量的递减,而考虑节省的工作量的逐渐降低,上述情况就更为显著。

| 序号 | 一组中的音节数 | 在后一天学习一组音节时节省的诵读次数:平均数值 | | | | |
|---|---|---|---|---|---|---|
| | | Ⅰ—Ⅱ | Ⅱ—Ⅲ | Ⅲ—Ⅳ | Ⅳ—Ⅴ | Ⅴ—Ⅵ |
| 1 | 12 | 5.5 | 3.5 | 2.5 | 2 | 0.5 |
| 2 | 24 | 21.5 | 10.0 | 5.0 | 3 | 1.0 |
| 3 | 36 | 32.0 | 12.0 | 3.5 | 3 | 1.0 |
| 4 | 《唐璜》一节诗 | 4.0 | 2.0 | 1.25 | 0.5 | — |

在这些数字序列中,有两个序列,也就是第二和第四行的数字,最为接近一种指数为 0.5 的递减的几何级数。把数值稍加变动,就可以完全符合。第一行的数字如果稍加变动,也可以形成指数为 0.6 的几何级数。相反地,如果要使第三行的数字成为一种几何级数,就要假定研究结果中发生重大错误了(这里的指数级为 $\frac{1}{3}$)。

如果不是在全部的、而是在大部分的结果中所表现的相互关系可以综述如下:如果在连续的几天内学习无意义音节组或一节诗,每次都学到第一次刚能背诵,相连的日期所需要的诵读次数的差数大致形成一种递减的几何级数。如果音节组的长度不同,较长音节组的几何级数的指数较小,而较短音节组的指数较大。

上述的一些试验,虽然个别地说,并不比其他试验延续更久,但相对地说,它们需要许多日子才能完成,因之它们的平均数值都是从少量的观察材料中获得的。所以在这里比在别处更显著,我不能肯定由所得的结果中表现的规律性,是否能经受重复试验或更大范围的实验研究的考验。我在这里只能提出要注意这一点。

## 第34节 间隔诵读的影响

本章要研究的问题,如前所述,和第六章的问题是密切联系着的。两章研究的问题都是关于增加诵读次数对音节组识记的巩固程度的影响,这种巩固程度是逐步增加的。在前一章的研究中,全部诵读是连续进行的,没有顾及在诵读过程中自动背诵

的发生或自动背诵是如何发生的。在当前的研究中,把诵读分配在几天之内,把达到第一次可能背诵的任务分配在不同的日子里。如果两种研究所获的结果,至少就我个人来说,有任何较广泛的确实性,我们可以预期,只要它们可以彼此比较,它们就是一致的。我们可以预期,在目前的研究中和以前的研究结果一样,较晚的诵读(也就是第二天,第三天和以后几天的)的效果最初和较前诵读的大致相等,以后就逐渐降低。

由于研究的性质,目前做更精确的比较还是不可能的。首先,在第六章中和本章中所用的音节组的长度是不同的。其次,根据现有材料,对于连续几天的诵读的效果作较精细详尽的确定,就材料本身看来是有足够理由的,但材料不够多,是否值得这样做也还是可讨论的。

我们看到,举例来说,9 个每组有 12 个音节的音节组在连续 6 天内识记所用的诵读次数是 158,109,75,56,37,31。第一次诵读 158 遍的效果,表现在第二天需要诵读 109 次,差别是 158－109。但是如果我们想要知道 109 次诵读在第三天的实际的效果,我们就不能只简单地采取 109－75 的差数了。我们需要知道的毋宁是如果第二天没有诵读,第三天识记时需要的诵读次数,$(x)$,然后求出 $x-75$ 的差数,这应当是单独的 109 次诵读的效果。因为从第二天到第三天遗忘又要多一些,$x$ 要比 109 大一些。同样地要确定第三天诵读 75 次的效果,我们应当找出第一天需要诵读 158 次,第二天需要 109 次的音节组,在第四天学习到能够背诵需要诵读多少次$(y)$,求出 $y-56$ 的差数,也就是这种效果的测量。以下类推。第七章所得的效果可以作为确定 $x$ 数值的基础。那里的结果表明:在 13 个音节的音节组在

24 小时之后和 2×24 小时之后遗忘的比值是 66∶72。应用这个数值,它本身也还不够确实可靠,只可求得 12 个音节的音节组的数值;用它也无法确定 $y$ 值,等等。我们最多可以设想这样求出的比值可能大致接近整数。

因之,我放弃了那些不大可靠的假定,只把连续几天的诵读和连读的节省的关系列出来。这可表明我们设想的间隔诵读的纯粹的效果可能表现得更显著,数值也更较集中。

| 一组的音节数 | 几天内诵读一次 24 小时后节省的数值(以诵读一次的分数值表示) | | | | |
| --- | --- | --- | --- | --- | --- |
| | Ⅰ | Ⅱ | Ⅲ | Ⅳ | Ⅴ |
| 12 | 0.31 | 0.31 | 0.25 | 0.34 | 0.16 |
| 24 | 0.47 | 0.44 | 0.38 | 0.32 | 0.16 |
| 36 | 0.57 | 0.50 | 0.29 | 0.35 | 0.18 |

虽然这些数字的绝对值,如上所述,不很精确,也只有 24 个音节的音节组还比较有规律,但它们表现的一般趋向和第四章的结果所预期的是一致的。诵读的效果在最初是大致固定的,由诵读所导致的节省的工作量在一定阶段内是和诵读次数成正比。诵读的效果逐渐降低,最后当对音节组的记忆巩固以后,在 24 个小时后能够几乎完全主动地背诵出来时,诵读的效果就显然很小了。第四章和本章的效果看来是彼此验证的。

但是两章的结果中有一个值得注意的区别,我必须指出来。在以前的结果中(见第 25 节表内材料),我们看到 6 个每组 12 个音节的音节组识记到能够背诵平均需要诵读 410 次,24 小时后重学到能够背诵平均需要 41 次。所以就一个有 12 个音节的音节组来说,68 次的连续诵读可使在第二天再诵读 7 次就可无误地背诵一次。在当前的研究中,把诵读分配到几天之内,同样

的效果可以在第四天显示出来：9个包括12个音节的音节组在诵读56次之后就能够背诵。每一组识记时大约需要诵读6次。产生这样效果在9个音节组需要的诵读次数是158＋109＋75＝342，一个音节组的平均数是38。为了在一定的时间重学一个包括12个音节的音节组，分配到以前三天内的38次诵读和在前一天诵读68次的效果是一样地好。就是由于研究实验的数目太小，我们对这些数字的可靠性有一些保留，这种差别也是很显著的。下列假定可能是肯定的：在一定时间内分配的一定数量的复习肯定地比集中的复习效果更优。

  在实际中自然应用的方法和在很有限制的条件下所获得的结果是一致的。学校学生并不勉强自己在晚上把字词和语法都统统学好，他知道必须在早晨再行识记。教师并不把他的课堂作业全部布置在他们支配的时间内，他要保留一部分的时间作一次或多次的复习。

# 第九章

## 音节组内各项的顺序和记忆保持的关系

> "在思想奔放时,
> 各种想法的结合是多么奇特呀!"

对问题的这种看法是下述假定的结果:在比一次明确的意识活动所能把握的更多的、为中间项间隔的项目之间(参看第39节)可以形成联想的结合。这些联结对于解释记忆和回忆中许多奇特的现象是很有成效的,但由于它们的经验的根据还不很确实,现在我不愿由此走得更远。

记忆

## 第35节 由时间顺序形成的联想及其解释

我现在要讨论一组研究的结果,这些研究的目的是在探讨联想的条件。这些研究的结果,我认为是有特殊的理论兴趣的。

观念表象从隐蔽的记忆中不自主地涌现到明晰的意识中来,如前所述,并不是随机的和偶然的,而是遵循着所谓联想律而具有一定的规则的形式的。关于这些规律的一般的知识是和心理学一样的古老,但在另一方面,关于这些规律的更精确的系统表达,却是直到现在,奇怪得很,还是一个争论的问题。对于这些规律的每一个新的陈述,都从对亚里士多德的几句话的意义的重新解释开始,根据我们现有的知识的情况,也有必要这样做。

在这些规律中——照一般的用法规律是指能用于预测未来事件的,如果对于具有这样不确定性质的规则可以用这种崇高的名称的话——我认为,有一点是从来没有争议或怀疑的。照通常的说法,可陈述如下:在同一人的心中同时或紧接着发生的一些观念,很容易照它们原来的顺序彼此相互唤起,其确实性是和它们发生的在一起的频繁的程度成正比的。

这种不自主的记忆复现是在全部的心理现象中最有力地证实了的和最常见的确凿的事实。它发生在各种形式的回忆中,在有意的回忆中也不例外。例如,在我们所熟悉的对于音节组的无数次的回忆复现,有意识的意志努力的作用只限于树立回忆复现的意图并抓住音节组中的第一项。组中其他项好像是自动地跟着出来。这和一系列中同时发生的事件照原来顺序复现的规律是完全符合的。

仅仅认识这些显然的事实是不能满意的,于是,试图深入到内部的机制,事实是机制产生的结果。可是如果我们随着关于为什么的思索走下去,走了不过两步,我们就会在黑暗中迷路,被我们的关于怎么样的知识的极限碰回来。

习惯上常把对这种形式的联想的解释归之于心灵的性质。有人说,心理现象不是被动地发生的,而是一个主体的活动。这个统一的主体把他的活动的各种内容以一定的方式联结起来,它们也就统一起来,还有比这更自然、更合理的吗?通常认为,在同时或紧接着经验的事物属于同一的意识活动,正是由于这种关系它的各种成分联结起来,联结的强度又自然地和由这种意识的联结联系的次数成正比。当由于任何机会这种有关联的复合体的一部分复活起来之后,它除了把其他部分也吸引过来之外还能做别的吗?

但是这种概念对于它要说明的事物并不能给予多少解释。

因为复合体的其余部分不仅被召唤出来,而且对于这种召引的反应具有完全确定的方向性。如果各部分的内容仅是由于同属于一种意识活动而联合起来,这种联合就必然彼此一样,那么各部分的内容在序列中复现时如何会精确地按照原来的顺序而不形成机遇的结合呢?为了弄明白这一点,我们可以从两方面进行。

首先,可以认为,在一种意识活动中出现的各种事物间的联结,存在于每一项和它紧接的一项之间,而不存在于远离的各项之间。不同项之间的联结可以受中间项目的阻抑,但不受中间休息时间的阻挠,如果休息时间的开始和终末能为一种意识活动所掌握。这样回答了事实,但是由于诉诸意识的统一的活动所得的优势却又悄悄地放弃了,因为不管关于一次意识活动能把握多少个观念有多少争论,但是肯定地是至少在大多数情况下,在一次意识活动中要包括两个以上的项目成分。如果我们把这种解释的一方面,即意识的统一作用,作为可随意应用的因素,那么另一方面,即项目成分的多样性,也必须考虑在内,而不能根据假定的但不可靠的理由把它否定掉。不然的话,我们只能说,可能我们必须满足于这样说:它是这样,因为它有理由是这样。

第二种说法也有相当的引诱力。在一种意识活动中所包括的各种观念确实是联结在一起的,但并不都是同样地联结的。联结的强度是和时间间隔以及中间项目的数目成反比关系的。在项目间间隔的时间或其他项目越多,联结的强度就成比例地越小。设以 $a,b,c,d$ 代表在一种意识活动中出现的系列项目,在 $a$ 与 $b$ 之间的联结就比 $a$ 与 $c$ 之间要强些;$a$ 与 $c$ 之间的又比

$a$ 与 $d$ 之间要强一些。如果 $a$ 以任何的方式复现出来了,它就带动出来 $b$ 与 $c$ 以及 $d$,但 $b$ 因和 $a$ 的联结更直接,它就比 $c$ 复现得更容易、更迅速,而 $c$ 因和 $b$ 联结更密切,等等。虽然所有的项目成分都是彼此联结的,但这一系列一定是依它原来的顺序形式在意识中重现的。

海尔巴特已经从逻辑上提出了这样的看法。他并不直接认为相连续的观念之间的联结的基础就是意识活动的统一作用,但他的想法也很相似:在一个统一的心灵中相反的观念由于部分地互相抑制而形成联结,又继之以其余部分的融合。为了我们的目的,这些不是主要的,他讲道:

"设一系列 $a,b,c,d,……$ 是知觉中已有的,从知觉的开始一直在它存在的时间 $a$ 都受着在意识中出现的其他观念的抑制。当 $a$ 已经从全部的意识中部分消逝了,越来越多地受到抑制,$b$ 就出现了。这后者在最初是不受抑制的,和正在消退的 $a$ 融合起来。$c$ 跟着出来,它未受抑制,和正很快地变模糊的 $b$ 以及更暗淡的 $a$ 联结起来。$d$ 以同样的方式以不同的程度和 $a$,$b$ 以及 $c$ 联结起来。于是在这些观念中,对每一个观念都有一条规律,根据这条规律,在全部系列的观念排出意识之外的一定时期,每一个观念以它自己方式重现之后都要尽力唤起同一系列中的其他观念。设想 $a$ 先出现了,它和 $b$ 联结最为密切,和 $c$ 的联结就差一些,和 $d$ 的更差,以下类推。但从相反的顺序来看,$b,c$ 和 $d$ 都处于一种无抑制的状态,都要和 $a$ 的残余发生融合。于是 $a$ 试图把它们全部召回来,成为一种不受抑制的观念;但是它的效果对 $b$ 最强,也最快,对 $c$ 就慢一些,对 $d$ 更慢,等等(更进一步的观察就可看到,当 $c$ 正在呈现时 $b$ 就消沉下去,同样地

记 忆

当 $d$ 显露时 $c$ 又要消逝,余同)。简单说来,这一系列就依它原来的样子又逐步消退。如果我们设想,相反地,$c$ 首先复现,它对于 $d$ 和以下的各项的影响是和 $a$ 所表现的效果一样,也就是——$c,d,\ldots\ldots$依原来的顺序逐步出现又消失。但是 $b$ 和 $c$ 就要受到完全不同的影响。未曾受抑制的 $c$ 和它们($a,b$)分别的在意识中的残余发生融合;它($c$)对于 $a$ 和 $b$ 的影响并未受到损失或阻滞,但是这种影响只限于唤回和它联结的 $a$ 和 $b$ 的意识的残余,也就是只有 $b$ 的一部分和 $a$ 的更小的一部分可以回到意识中来。这就是回忆的过程在一个已知的系列的中间开始时所发生的情况。在回忆的起点的以前的各部分立刻被唤起而具有程度不同的清晰度,在回忆点以后的部分则照原来系列的顺序逐步出现,又行消散。一个系列永远不会倒行,犹如一个熟字的倒字(字母顺序相反的字)不经过意识的努力是不会认识的"①。

根据这种概念,把一个记忆中的系列联结起来的联想的绳索不仅系在每一个成分项目和它紧接着的项目之间,也缠绕在每一个项目和它有任何中间项目以及有任何时间关系的项目之间。连系的绳索的强度因成分项目之间的距离而不同,但是最弱的联系,相对地说,也是有重要意义的。

---

① 海尔巴特,心理学教科书,第廿九节。陆宰(Lotze)有一种相似的"有趣的"看法,他自己称之为有趣的,见《形而上学》(1879)第 527 页。但有一点不同,他反对观念有不同强度的看法,因而他摒弃了这一点。他和上述观点相符的地点在于他认为一系列的观念的照原样的复现的真正理由在于联想总是建立在一个环节和下一个环节之间。他在他的《心理学讲演集》中说道:"任何两个观念不管它们的内容如何,当它们同时或一个紧接一个地发生时,也就是没有中间环节时,就形成联结。这就是我们能够照原来的顺序而不能打乱顺序回忆复现一系列观念的基础,而不需要更多的巧计手段。"他所谓更多的巧计手段,似乎就是指的海尔巴特要对观念系列作安排的企图。

接受或拒绝上述概念对于我们关于心理现象的内部联系以及它们的联合及组织的丰富性与复杂性的看法来说,是有清楚的重要意义的。但是如果把观察只限于意识的心理生活,只记录在生命的海洋的表面上吹起的几个旋涡,那就明显地只是一些无益的论争了。

因为按照这种假说,联结一个项目和与它紧接的项目之间的绳索虽然不是唯一的,而是较其他都强的结绳。结果必然是,就在意识中的显现来说,它们就成了可观察到的最重要的乃至唯一的项目了。

在另一方面,在我们报道过的研究中所应用的方法,却可使我们发现强度不大的联结。这先要人为地把这些联结都加强到一定的和一致的可复现的水平。按照这个方法,我进行了比较大量的研究,在音节组的领域用实验来检查这个问题,探索联想的强度和在意识中顺序呈现的一系列中各项的次序的实际的依存关系。

### 第 36 节 研究实际行为的方法

研究是用 6 个每组 16 个音节的音节组进行的。为了更清楚地说明,用罗马字标明音节组,用阿拉伯码标明音节。照下列形式组成的各音节组成为一次试验的材料。

Ⅰ(1) Ⅰ(2) Ⅰ(3)··············Ⅰ(15) Ⅰ(16)
Ⅱ(1) Ⅱ(2) Ⅱ(3)··············Ⅱ(15) Ⅱ(16)
⋮
Ⅵ(1)·························Ⅵ(15) Ⅵ(16)

记 忆

　　如果我学习这样几个音节组,一组一组地学,学到每一组都能无误地背诵一次,在 24 小时之后按同样的顺序重学到同样的标准,重学时大约用第一次学习所用的 $\frac{2}{3}$ 的时间。① 这所节省的 $\frac{1}{3}$ 的工作,可以作为在第一次学习中在每个项目(音节)和与它紧接的一个项目之间联结的强度的一种清楚的测量。

　　现在让我们设想,在重学音节组时不按照它原来的各音节的顺序。例如在初学时,顺序是Ⅰ(1)Ⅰ(2)Ⅰ(3)……Ⅰ(15)Ⅰ(16),而在重学时改为Ⅰ(1)Ⅰ(3)Ⅰ(5)……Ⅰ(15)Ⅰ(2)Ⅰ(4)Ⅰ(6)……Ⅰ(16)。其他音节组也照样改组。也就是在原来顺序中奇数的各音节形成一序列在组的前部,偶数的各音节成为一序列在组的后部。把这样一个 16 个音节的音节组重新学到能够背诵,结果将怎样呢? 在这种改组过的音节组中,每个成分都和它原来紧邻的项目分离开了,现在邻近的项目是原来中间还有其他项目的。组中间的两个成分[Ⅰ(15)Ⅰ(2)]情况又有不同。如果这些处在中间的项目是联想形成的障碍,这样改组过的音节组就和完全没有学过的一样是新的了;虽然依原来顺序学习过,重学改组后的音节组就不会有什么节省。另一方面,如果在第一次的学习中不仅在每一个成分项目和它的紧邻的项

---

① 我在这里略去了获得这个数字的用 16 个音节的音节组所做的几个试验,因为第六章中叙述的结果充分地包括了这一点。在那里(第 23 节表一)我们看到对 6 个每组 16 个音节的音节组诵读 32 遍,在 24 小时之后重学识记平均用 863 秒钟。诵读 32 次,平均说来,能使 16 个音节的一组达到第一次能够成诵。由于对音节组在第一天的诵读次数和第二天节省的工作量之间的确定的比例关系,说每一音节组诵读了 32 次或说它达到第一次刚能背诵,是没有多大关系的。诵读到能够背诵大约需时 1270 秒,如前所述,第二天重学时大约需要 $\frac{2}{3}$ 的时间。所以在 24 小时后重学 16 个音节的音节组相对的节省量和 12 个音节的音节组以及 13 个音节的音节组(参看第七章,第八章)没有什么差异;在更长的音节组,相对的节省量还有逐渐的增长。

目系上联结的丝绳,在中间的项目和较远距离的音节之间也有联结,那么改组后的音节组在学习上就有一些预先的优势。现在紧接着的音节原来已经暗暗地由一定强度的结丝联系起来了,学习这样的一组音节应当比学习一个完全新的音节组要显著地需要较少的工作量,但又大于重学没有经过改组的音节组。在这种情形下,节省的工作量就是对中间隔有一个项目的两项目之间的联结的强度的测量。如果从原来用的一个音节组,用隔 2 个,3 个或更多的项目改组成不同的新组,也可得到相应的结果。学习这些改组后的音节组,可能没有任何显著的节省,也许有一定的节省,在原来紧接着的项目之间插入的项目越多,节省也就会成比例地越少。

根据这些想法,我进行了下述的实验。我做了许多 6 个每组 16 个音节的音节组,各组内的音节是随机排列的。从每 6 个音节组又改成 6 个新的组,每组也是 16 个音节,在新的组中把原来相隔 1 个,2 个,3 个或 7 个音节的各音节排成前后紧接的。

如果用前述方法标明各音节在原来组中的顺序,各组的音节顺序安排如下:

原来的组:

Ⅰ(1) Ⅰ(2) Ⅰ(3)……………………Ⅰ(15) Ⅰ(16)

Ⅱ(1) Ⅱ(2) Ⅱ(3)……………………Ⅱ(15) Ⅱ(16)

⋮

Ⅵ(1)……………………………………………Ⅵ(16)

改组后的各组:

隔 1 个音节的:

Ⅰ(1) Ⅰ(3) Ⅰ(5)……Ⅰ(15) Ⅰ(2) Ⅰ(4) Ⅰ(6)……Ⅰ(16)

Ⅱ(1) Ⅱ(3) Ⅱ(5)……Ⅱ(15) Ⅱ(2) Ⅱ(4) Ⅱ(6) ……Ⅱ(16)

⋮

Ⅵ(1) Ⅵ(3)………… Ⅵ(15) Ⅵ(2) Ⅵ(4)………Ⅵ(16)

隔 2 个音节的：

Ⅰ(1) Ⅰ(4) Ⅰ(7) Ⅰ(10) Ⅰ(13) Ⅰ(16) Ⅰ(2) Ⅰ(5) Ⅰ(8)
　　Ⅰ(11) Ⅰ(14) Ⅰ(3) Ⅰ(6) Ⅰ(9) Ⅰ(12) Ⅰ(15)

Ⅱ(1) Ⅱ(4) Ⅱ(7)…………Ⅱ(16) Ⅱ(2) Ⅱ(5)
　　……Ⅱ(14) Ⅱ(3) Ⅱ(6)………… Ⅱ(15)

⋮

Ⅵ(1) Ⅵ(4)…………Ⅵ(16) Ⅵ(2) Ⅵ(5)………
　　………Ⅵ(14) Ⅵ(3) Ⅵ(6)…………Ⅵ(15)

隔 3 个音节的：

Ⅰ(1) Ⅰ(5) Ⅰ(9) Ⅰ(13) Ⅰ(2) Ⅰ(6) Ⅰ(10) Ⅰ(14) Ⅰ(3)
　　Ⅰ(7) Ⅰ(11) Ⅰ(15) Ⅰ(4) Ⅰ(8) Ⅰ(12) Ⅰ(16)

Ⅱ(1) Ⅱ(5)………Ⅱ(2) Ⅱ(6)…………Ⅱ(3)
　　Ⅱ(7)………Ⅱ(4)　Ⅱ(8)…………Ⅱ(16)

⋮

Ⅵ(1) Ⅵ(5)…………Ⅵ(2) Ⅵ(6)………Ⅵ(3)
　　Ⅵ(7)………Ⅵ(4) Ⅵ(8)………Ⅵ(16)

隔 7 个音节的：

Ⅰ(1) Ⅰ(9) Ⅱ(1) Ⅱ(9) Ⅲ(1) Ⅲ(9) Ⅳ(1) Ⅳ(9) Ⅴ(1)
　　Ⅴ(9) Ⅵ(1) Ⅵ(9) Ⅰ(2) Ⅰ(10) Ⅱ(2) Ⅱ(10)
Ⅲ(2) Ⅲ(10) Ⅳ(2) Ⅳ(10) Ⅴ(2) Ⅴ(10) Ⅵ(2) Ⅵ(10) Ⅰ(3)

　　　　　Ⅰ(11) Ⅱ(3) Ⅱ(11) Ⅲ(3) Ⅲ(11) Ⅳ(3) Ⅳ(11)
⋮
　　　Ⅴ(7) Ⅴ(15) Ⅵ(7) Ⅵ(15) Ⅰ(8) Ⅰ(16) Ⅱ(8) Ⅱ(16) Ⅲ(8)
　　　　Ⅲ(16) Ⅳ(8) Ⅳ(16) Ⅴ(8) Ⅴ(16) Ⅵ(8) Ⅵ(16)

　　由上列图式可以看出来：在改组后的各组中，并不是所有的紧邻的音节都是照说明的隔了原来的那么多的音节。为了要使每组包括16个音节，在有些地方间隔加大了一些，但没有缩小的。例如在隔两个音节的组中，相邻的音节有原来的Ⅰ(16)—Ⅰ(2)和Ⅰ(4)—Ⅰ(3)等。在隔7个音节的组中，有7个地方，相邻音节以前没有联系，因为那些音节原来属于不同的组，而不同的组，如前所述，是分别学习的，例如Ⅰ(9)—Ⅱ(1)，Ⅱ(9)—Ⅲ(1)，等等。这些不符合改组原则的地方在不同的组中是不同，但在每一组中的数目是和相隔的音节的数目相等的。由于这种差异，改组后的不同的组，由于这种实验的特点，是不等值的。

　　在实验过程中，看出来，隔7个以上的音节也是需要的，但我没有进行这种实验；因为用6个每个16个音节的音节组作材料的研究进行得不少了，如果用间隔7个以上音节改组，上述的不符合改组原则的地方就太多了。改组后的音节组中包括的原来曾在一个组中因而有可能建立联系的音节就太少了，这样改组后的不同的组也就难以比较了。

　　研究进行的方式如下：对原来的6个音节组先进行学习，在24小时之后再学习改组后的音节组，比较两次学习的时间。由于这些音节组的上述的缺点限制，所得结果在一些情况下是值得商榷的。设想在学习改组后的音节组时节省了一些时间，

但这些节省不一定是由于预先设想的理由,即非直接邻近的音节间的联想。理由如下:音节组中所有的音节在初学时是一种顺序,24小时后重学时又是一种顺序,顺序虽然不同,音节还是一样。在第一次学习时记住的不仅是照一定顺序的音节,也记住了单纯的个别的音节;在重学时,对它们就比较熟悉一些,最低限度比以前没有学过的其他的音节要熟悉一些。改组后的音节组的第一个和最末一个音节也常和原来的音节组相同。如果重学这样改组后的音节组节省一些时间,也是在意料中的。时间节省的基础并不一定是在对音节顺序的人工地系统地改变,而只是在于还是一些相同的音节。如果把音节只照机遇随意排列,重学时可能一样节省一定的工作量。

考虑到这种反对的理由并检验其余的结果,我又引用了另一种、也就是第五种的改组的音节组。使原来组的第一个和最后一个音节不变,把其余的84个音节混在一起,随机抽出来排在第一个和最后一个音节之间,列成一个新的音节组。由这样学习得的结果比较初学和重学的成绩,应当可以揭示出在节省的工作中,有多少是由于每个组的第一和最后一个音节的相同以及全部的音节的相同所产生的。

### 第37节 结果——间接顺序的联系

在五大组中,每组都有11个初学原来音节组和重学改组的音节组的复式试验,一共是55个试验。实验是在九个月中进行的。结果如下:

**表一　改组的音节组是隔一个音节的**

| 学习原来音节组<br>所用时间(秒)X | 学习改组后音节组所用<br>时间(秒)Y | 学习改组后音节组<br>节省时间(秒)Z |
|---|---|---|
| 1187 | 1095 | 92 |
| 1220 | 1142 | 78 |
| 1139 | 1107 | 32 |
| 1428 | 1123 | 305 |
| 1279 | 1155 | 124 |
| 1245 | 1086 | 159 |
| 1390 | 1013 | 377 |
| 1254 | 1191 | 63 |
| 1335 | 1128 | 207 |
| 1266 | 1152 | 114 |
| 1259 | 1141 | 118 |
| 平均：1273 | 1121 | 152 |

**表二　改组的音节组是隔两个中间音节的**

| X | Y | Z |
|---|---|---|
| 1400 | 1185 | 215 |
| 1213 | 1252 | －39 |
| 1323 | 1245 | 78 |
| 1366 | 1103 | 263 |
| 1216 | 1066 | 150 |
| 1062 | 1003 | 59 |
| 1163 | 1161 | 2 |
| 1251 | 1204 | 47 |
| 1182 | 1086 | 96 |
| 1300 | 1076 | 224 |
| 1276 | 1339 | －63 |
| 平均：1250 | 1156 | 94 |

**表三  改组的音节组是隔三个中间音节的**

| X | Y | Z |
|---|---|---|
| 1282 | 1347 | −65 |
| 1202 | 1131 | 71 |
| 1205 | 1157 | 48 |
| 1303 | 1271 | 32 |
| 1132 | 1098 | 34 |
| 1365 | 1235 | 130 |
| 1210 | 1145 | 65 |
| 1364 | 1176 | 188 |
| 1308 | 1175 | 133 |
| 1298 | 1209 | 89 |
| 1286 | 1148 | 138 |
| 平均：1269 | 1190 | 78 |

**表四  改组的音节组是隔七个中间音节的**

| X | Y | Z |
|---|---|---|
| 1165 | 1086 | 79 |
| 1265 | 1295 | −30 |
| 1197 | 1091 | 106 |
| 1295 | 1254 | 41 |
| 1233 | 1207 | 26 |
| 1335 | 1288 | 47 |
| 1321 | 1278 | 43 |
| 1344 | 1275 | 69 |
| 1322 | 1328 | −6 |
| 1224 | 1212 | 12 |
| 1294 | 1217 | 77 |
| 平均：1272 | 1230 | 42 |

表五　改组后的音节组保留原来音节组的首尾音节,中间音节随机安排

| X | Y | Z |
|---|---|---|
| 1305 | 1302 | 3 |
| 1181 | 1259 | −78 |
| 1207 | 1237 | −30 |
| 1401 | 1277 | 124 |
| 1278 | 1271 | 7 |
| 1302 | 1301 | 1 |
| 1248 | 1379 | −131 |
| 1237 | 1240 | −3 |
| 1355 | 1236 | 119 |
| 1214 | 1142 | 72 |
| 1147 | 1101 | 46 |
| 平均:1261 | 1250 | 12 |

上列结果可以综述如下：照原来音节组隔 1,2,3 和 7 个中间音节改组的音节组学习时可以分别平均节省时间 152,94,78 和 42 秒。把原来音节组中音节随机安排改组的音节组,学习时平均节省 12 秒。

为了确定这些数字的意义,在我做受试者的情况下,有必要和在 24 小时后重学原来的音节组所得的结果作比较。这样重学 16 个音节的音节组时,节省的时间大约为初学时所用时间的 $\frac{1}{3}$,即大约为 420 秒。

这个数值可以作为每一项目和它的近邻项目之间的联结的强度的测量,也就是在已有的实验条件下的最高的联结效果。如果把这作为一个单位整数,那么每一项和从它数第三项的联系还是紧密的,和第四项的联结就疏松了。

所得结果的性质,在以我作受试者的实验情况下,证实了前述的由海尔巴特的话说明的第二种概念。经过诵读之后,不仅音节组中各项和它紧接的项目建立联系,每一项和与它中间尚有间隔项目

的各项也建立一定的联系。概括说来,不仅有直接的联系,也有间接的联系。这种联系的强度依中隔项目的增加而递减;可以说,如果中隔的项目不多,联系的强度是出乎意料地高的。

由于同样一些音节和音节组的同样的首项和末项对于重学过程的促进,没有得到确切证据。

## 第38节 排除知悉结果的实验

为了对结果的可靠度一并进行较详细的讨论,上列结果中没有提到机误。

在我开始进行实验研究时,对于最后的结果并没有任何确定的意见。我觉得得到表明对改组后音节组学习上有些便利的结果,并不比相反的结果更为满意。等到结果数据越来越清楚地表明了事实上存在着这种便利时,我才认识到,这是正确的和自然的事实。如前所述(第27节,第四段)我们可以想到,在以后的实验中这种想法可能影响结果,使更注意学习改组后的音节组,因而学习也更快些,这样虽然不是这种想法产生了结果中节省的工作量,至少也可说有力地促进了它。

对于节省量最大的三组结果,也就是在重学由间隔1,2,3个中间音节改组的音节组时表现出来的促进作用,这种反面的想法是没有多大意义的。因为这里的节省量是很大的,又有意识地极力注意使结果不受想法的影响,若把节省归之不随意注意的影响,是把这种作用估计过高了。再进一步看,数量结果中所表现的规律性,节省工作量和间隔音节数量的依存关系,根据这种假说都是难于设想的。设想的较高度的集中注意只能产生一般的影响,它如何能使相隔几个星期乃至几个月的试验产生那样规律的结果数据呢？

上述的反面的想法只可使对第四大组的结果产生疑问，就是那重学由间隔 7 个音节改组的音节组时产生的相对的少量的节省量。

在这种情况下，因为联系是在两个有相当大的距离的项目之间的，精确地确定差异是有特殊兴趣的。

在现在的研究的情况下，可以安排试验，排除知悉所获得的结果的可能性，因而消除隐蔽的看法和愿望的干扰的影响。我又照下列方式编制了一大组，包括 30 个复式试验，对于上列结果中不甚确定的部分进行验证。

在一页纸的一面写着随机选定的 6 个每个包括 16 个音节的音节组，在纸的另一面写着照前述方法（第 36 节）改组的 6 个音节组。共有五种方式的改组的音节组，每种有 6 张试验纸。每张纸的正面和反面是容易区别的，但试验纸张彼此很难区别。30 张纸准备好以后，混在一起搁置起来，直到对其中有些什么音节都忘记后，才拿来使用。先学习正面的音节组，24 小时后学习反面的，都学到能够背诵。把学习一个音节组需要的时间记录下来，但直到 30 张都学完之后，才把数据集中起来进行处理。下面是所得数据。

**表一　由间隔一个音节改组的音节组**

| 原来组学习的时间（秒）<br>X | 改组后音节组学习时间（秒）<br>Y | 节省时间（秒）<br>Z |
|---|---|---|
| 1137 | 1081 | 56 |
| 1292 | 1045 | 247 |
| 1202 | 1237 | −35 |
| 1272 | 1202 | 70 |
| 1436 | 1299 | 137 |
| 1340 | 1157 | 183 |
| 平均：1280 | 1170 | 110 |

**表二　由间隔两个音节改组的音节组**

| X | Y | Z |
|---|---|---|
| 1415 | 1232 | 183 |
| 1201 | 1290 | −89 |
| 1291 | 1156 | 135 |
| 1358 | 1153 | 205 |
| 1232 | 1254 | −22 |
| 1168 | 1107 | 61 |
| 平均：1278 | 1199 | 79 |

**表三　由间隔三个音节改组的音节组**

| X | Y | Z |
|---|---|---|
| 1205 | 1166 | 39 |
| 1339 | 1068 | 271 |
| 1179 | 1293 | −114 |
| 1238 | 1196 | 42 |
| 1257 | 1231 | 26 |
| 1240 | 1122 | 118 |
| 平均：1243 | 1179 | 64 |

**表四　由间隔七个音节改组的音节组**

| X | Y | Z |
|---|---|---|
| 1191 | 1120 | 71 |
| 1191 | 1185 | 6 |
| 1237 | 1295 | −58 |
| 1350 | 1306 | 44 |
| 1308 | 1260 | 48 |
| 1289 | 1158 | 131 |
| 平均：1261 | 1221 | 40 |

表五　由保留首尾音节、其余音节随机安排改组的音节组

| X | Y | Z |
|---|---|---|
| 1305 | 1180 | 125 |
| 1206 | 1205 | 1 |
| 1310 | 1426 | －116 |
| 1163 | 1089 | 74 |
| 1272 | 1388 | －116 |
| 1309 | 1305 | 4 |
| 平均：1261 | 1266 | －5 |

　　由间隔1,2,3,7个音节改组的音节组学习时分别平均节省110,79,64,40秒。相反地，由音节随机组合形成新的音节组，学习时平均还要增加时间，多用5秒。

　　整个说来，这些后来获得的结果准确地验证了以前所得的结果。实验的数量，相对来说，是比较小的，在每个实验中知悉结果是完全排除了的。尽管这样，并且所得数值个别来看分配也无规律，但整个来看，却符合一个简单的规律。在学习到能够背诵的音节组中，两个音节中，间隔的音节数目越少，在新的顺序中重学这些音节时，阻力也就越小。同样的，两项之间存在的项目越少，由第一次学习时经过中间项目在这两项之间建立的联结也就越强。

　　前后两部分的实验所得数据，除了一般趋势一致以外，在下述两方面也是一致的。间隔一个音节和间隔两个音节的差异最大，间隔两个和间隔三个音节的差异最小。另一方面，很奇特的是间隔两个音节的节省量的数字都比间隔一个音节的小。可以提出两个原因来解释这种现象。考虑到数据方面表现的规律性，这种现象很难说是偶然的。在这里可能实际上表现出来前面所说的预期的影响。根据这种假设，第一组（即间隔一个音节的）实验所得的很大的数字可能是因为，在实验过程中，预期在学习改

组后的音节组时会有工作量上的节省；由于这种原因，在学习这些音节组时就不自觉地集中了较高的注意。在另一方面，由于排除了获知结果，在学习第二大组的音节组时，就产生了一种干扰的因素，使节省量变小了。还有一些实际情况，就是在学习改组后的音节组时，常引起一种很强烈的好奇心，想知道这些音节组是原来音节组的哪一种类型的变种。这本身一定是一种干扰的，也因而是一种阻滞的影响，在由随机排列改组的音节组的学习的结果中也表现出来。原来预期，由于这些音节是相同的，首末项也是相同的，无论怎样少，也应当有一些节省量。这在前一部分的实验中也确实表现出来了，而在这后一部分的实验中，不仅没有节省，反而有一些显著的时间上的增加。如果这不是由于偶然的原因，除了用上述的好奇心的干扰影响外是很难解释的。

很可能这两种影响是同时发生作用的，以致第一大组的实验得了有些过高的节省量，而第二大组的结果又有些过低。根据这种假设，应当可以把这前后两部分的数字合并起来，而使方向相反的误差彼此抵消。这样最后我们就有 85 个复式试验所得结果，列入下表。

| 在改组后的音节组中间隔音节的数目 | 学习原来音节组所用时间（秒） | 学习改组后音节组所用时间（秒） | 学习改组后音节组节省时间（秒） | 节省量中的机误* | 节省量相当于原来学习时间的% |
|---|---|---|---|---|---|
| 0 | (1266) | (844) | (422) |  | (33.3) |
| 1 | 1275 | 1138 | 137 | ±16 | 10.8 |
| 2 | 1260 | 1171 | 89 | ±18 | 7.0 |
| 3 | 1260 | 1186 | 73 | ±13 | 5.8 |
| 7 | 1268 | 1227 | 42 | ±7 | 3.3 |
| 音节随机排列 | 1261 | 1255 | 6 | ±13 | 0.5 |

\* 机误是由节省的原始数量计算的，节省量是由两次学习时间相减得出来的，可以作为实际观察的数据（参看第 28 节，附注）。

## 第39节 结果讨论

在上节最后一表中,在我看来,值得特别注意的是最后一行和倒数第二行的数字。对所有音节完全相同,首尾两项位置也未变化的改组后的音节组的学习,17个试验的平均结果,节省量是那样小,几乎无法计算,平均数值是其机误的一半。这些音节本身,不计它们彼此间的关系,对我来说,是非常熟悉的,再诵读32遍,也不会变得更熟悉多少。在另一方面,当一个有顺序联系的音节组也诵读同样的次数时,每一个音节和由它算起是第八个的音节也那样紧密地联结起来,以致24小时后这种联结还可以确实地确定出来。它的数值6倍于其机误。所以这种联结的存在必须认为是确实证明了的,虽然,我们自然不能确定它的精确的大小是否就如在这些实验中所表现的那样。虽然它的绝对值是相当小的,但它的影响也相当于每一项和它的紧邻项目之间的联结的$\frac{1}{10}$。它的影响是这样显著,同时由相隔2个,3个,7个项目的两个项目之间的联结的效果的逐步递减也是那样有规律,只根据这一点,我们可以认为,就是在距离更大的项目之间,在学习音节组的过程中,也会在下意识中由一定强度的系丝联结起来。

我可以把直到现在所得的结果总结起来,作一些理论的概括。由于对音节组的反复诵读,在每一个项目和所有在它以后的项目之间就建立起一定的联结。这种联结可以下列事实表现出来:这样联结起来的成对的音节,比同样的但以前没有联系的音节,更容易在心里回忆起来,回忆时遇到的阻力较小。联结

的强度,也是重学时实际上节省的工作量,是依原音节组中有关的音节之间存在的中间项目的次数或数目而定的,中间项目递增,强度就递减。紧相连接的项目之间的联结是最强的。这种依存关系的确切的性质还是不知道的,只知道随着两项之间的距离的增大,这种关系最初减低很快,以后逐渐变慢。

如果用抽象的但是常用的概念,如"力量(power)""趋向"等替换了工作节省和较易回忆等具体的概念,事实可以叙述如下:由于对音节组学习的结果,其中每一项在回到意识中来的时候,都有一种趋势或潜在的趋向把音节组中在它以后的各项都随之召唤起来。这种趋势有不同的强度,对于紧接的项目这种趋势最强。这些趋势,一般说来,在意识中是很容易表现出来的。没有其他影响的干扰,一个音节组总是照它的原样复现出来;只有在引进其他条件时,促使其余项目复现的力量才能明显地表露出来。

自然不能设想:由于自然界的偶然性,我们所发现的规律的有效性只局限于由之得出这些规律的那些材料的性质的范围之内,也就是只限于无意义的音节组。我们可以假定,以一种相似的方式,这些规律适用于每一种的观念系列和系列中的组成部分。不用说,只要在不同的观念之间存在着一定的关系,时间顺序和中间有其他项目的关系以外的关系,这些力量就要控制着联想的运动(associative flow),不会例外。自然也要考虑到由各种的结合、联结、意义等关系引进的各种变动、复杂的情况。

无论如何,不能否认,由于这些结果的一般的有效性,使联想主义得到一些纯正的圆满性和一种更大的合理性。"同时或以紧接顺序经验的观念就会联结起来",这一传统的说法包括有不合理的地方。如果把紧接的顺序作严格的字义讲，这条规律就和最普通的经验有矛盾；如果不作精确的解释，又难以说明它究竟指哪一种的顺序。同时，也难以说明，为什么不很直接的一种顺序还有一些优越性，而在更间接一些的顺序这种优越性就突然消失了。现在我们知道，所谓顺序的直接性或间接性对于互相连续的观念之间所发生的事情的一般的性质是没有什么影响的。在两种情况下都要形成联系，由于这些联系的性质完全相同，它们只能有共同的名称：联结。但是它们的强度不同。当这相联系的观念的连续接近理想的紧密度时，连系的结丝就变得最强，当逐步离开这种理想状态时，结绳就按比例地变得越来越脆弱。在隔离很远的项目之间，虽然事实也有联结，在适当条件下也可以表现出来，但是由于这种联结很弱，事实上没有什么意义。相反地，邻近项目之间的联结具有相对的较大的重要性，可以使它的影响显著地表现出来。自然，如果观念系列不受任何其他影响，也总是照完全相同的顺序出现，每一项就只引起一种联想，自然地就是具有最强联结的一项，也就是紧接的邻近一项。但是观念系列永远不会不受其他影响的。实际的丰富多彩的和迅速的变化使它们建立多种多样的关系。系列中各项以各种各样的组合重现出来。于是，在一定的情况下，在较远的项目间较弱的联结中相对较强的一定可以找到机会证明它们的存在，因而它又有效地进入事实的内部进程。可以很容易地看出来，它们这样就利于观念的迅速的发展，多样的分化和多方面的繁衍，而这正是有规律的心理活动的特点。自然它们也使心理现象有更大的多样化，因而也是显然地更大的不自然性和无规律性。

在我做进一步的研究之前,我愿对于前述的由统一的心灵的统一的意识所导致出来的连续观念的联想(第35节,第六段),再讲几句话。把现在的一种结果和以前所得的一种结果合并起来,可能产生一种危险。前面我曾说过(第19节),我读一次就能背诵的音节的数目大约是7。人们有理由把这个数目作为我能在一个单纯意识活动中所能把握的这类的观念的数量的测量。现在我们看到,在中间有7个以上的项目的两项之间,如有9个音节的音节组的首尾两项,也能形成一定强度的联结。由于这个数量范围和联结的程度的性质,可以看出来,就是在更长的音节组在它的两端的两项,也可能形成联结。但是如果在相隔过远、不能由一次单纯的意识活动把握的项目之间也能建立联结,那么就不能用由于相关联的观念同时在意识中的出现来解释联想的形成了。

但是我认为,喜爱前述说法的人并不一定要因上述的讨论而放弃他们的概念。对于认为统一的心灵的统一活动比较上述的关于联想的简单的事实更为基本、更容易理解、更明确或更有相信的价值的人,也是一样;并且把联想的事实归结为心灵的活动也应当认为是一种显著的成就。人们只需要说,对于一种生疏的音节的系列,一次意识活动只能大约把握7个,而在经过反复诵读,对系列逐渐熟悉以后,意识的这种活动能力就可以增强。例如在彻底熟记以后,一个有16个音节的音节组就可以出现在单一的意识活动中。所以这种"解释"是可以自由采用的。对于认为同时和紧接连续联想是最重要的人,也可以完全用它说明我们看到的间接顺序的联想。由于心理学中对于解释的要求不高,这种观点无疑地还会在长期内使我们看不清楚,并且妨碍我们坦白地承认这是所有的难题中最可惊奇的一个,对于我们对它的真正的理解的探索也形成一种障碍。

## 第 40 节 反 向 联 想

对于从获得的结果中所产生的许多问题,目前我只能用少量的实验,研究其中几个问题。

由于对于 $a,b,c,d$ ……一个系列的经常的重复,可以形成一些联结,如 $ab,ac,ad,bd$ 等等。当观念 $a$ 不论在什么时候以什么方式在意识中复现时,总有一些不同强度的趋势把观念 $b$,$c,d$ 等也带回意识中来。现在这些联结和趋向是相互的吗? 也就是说,如果不是 $a$ 而是 $c$ 有机会复现了,它除了有唤起 $d$ 和 $e$ 观念的趋势以外,它也有同样的但方向相反的对于 $b$ 和 $a$ 的趋向吗? 换句话说,由于以前学习 $a,b,c,d$ 这一序列的结果,序列 $a,b,c,a,c,e$ 都比以前没有学过的同样长度的 $p,q,r$ ……容易学。序列 $c,b,a$ 和 $e,c,a$ 也是一样吗? 由于对一顺序的多次的重复,可以形成反方向的联结吗?

在这一点上,心理学家的看法是有分歧的。一方面,人们注意到这一无可怀疑的事实:尽管一个人对于例如希腊字母完全掌握了,但他若不经过特殊的学习和练习他还是不能流利地把字母照颠倒的顺序背诵出来的。

另一方面,也常把反向联系作为一种很容易理解的事实,用来解释随意的和有目的性的动作的形成。根据这种意见,儿童的最初的动作是不随意的和偶然做出的。由于把一些动作作了一定的结合产生了很浓厚的愉快的感觉。动作也和感觉一样,

留有记忆痕迹,由于重复发生,就可使彼此更密切地联结起来。如果这种联结达到一定的强度,只有愉快感觉这一观念,就可以返回唤起那原来引起愉快感觉的动作的观念;这样就引起了实际的动作,又随之产生了实际的感觉。

我们前面学习过的海尔巴特的概念(第 35 节)居于这两种看法的中间。在一系列出现的过程中出现的观念 $c$ 和在它以前的残存的、变得浅淡的观念 $b$ 与 $a$ 融合起来。以后当 $c$ 复现时,它也带回 $a$ 和 $b$,但它们是浅淡的,没有完全解除抑制或清楚地被意识到。当一系列中的一项突然出现时,我们看到系列要依逐渐减弱的清晰度继续出现;一个系列永远不会依相反的顺序逐一复现。跟着在意识中出现的一个项目之后,也可完全意识到的是在原来系列中在它之后的各项,它们也依照原来的顺序出现。

为了试验实际的依存关系,我又进行了一个和以前报告过的研究完全相似的实验。从许多包括 6 个每个 16 个音节的音节组中又随机排列组成几套新的音节组,有的只是把一个音节组的音节的顺序颠倒过来,有的除了颠倒顺序以外还间隔原来的一个音节。先把两套的音节组学习到能够背诵,24 小时之后再学习改组后的音节组。

如果把原来的音节组标述如下:

$I(1)$ $I(2)$ $I(3)$……$I(15)$ $I(16)$,相应的改组后的音节组则如下述:

只是颠倒音节的顺序的:

$I(16)$ $I(15)$ $I(14)$……$I(2)$ $I(1)$,

颠倒顺序又间隔一个中间音节的：

Ⅰ(16)Ⅰ(14)Ⅰ(12)……Ⅰ(4)Ⅰ(2)Ⅰ(15)Ⅰ(13)……Ⅰ(3)Ⅰ(1)。

我用第一种类型的改组的音节组做了 10 个实验；用第二种类型的材料做了 4 个实验。

结果见下表。

**表一 用颠倒音节顺序改组的音节组**

| 原来音节组学习时间（秒）X | 改组后音节组学习时间（秒）Y | 节省时间（秒）Z |
| --- | --- | --- |
| 1172 | 1023 | 149 |
| 1317 | 1170 | 147 |
| 1213 | 977 | 236 |
| 1202 | 1194 | 8 |
| 1257 | 1031 | 226 |
| 1210 | 1087 | 123 |
| 1285 | 1051 | 234 |
| 1260 | 1150 | 110 |
| 1245 | 1070 | 175 |
| 1329 | 1189 | 140 |
| 平均：1249 | 1094 | 155 $P.E.m=15$ |

照学习原来音节组所用的时间计算，节省量是 12.4%。

**表二 用颠倒顺序及间隔一个音节改组的音节组**

| X | Y | Z |
| --- | --- | --- |
| 1337 | 1291 | 46 |
| 1255 | 1164 | 91 |
| 1158 | 1143 | 15 |
| 1313 | 1224 | 89 |
| 平均：1266 | 1206 | 60 $P.E.m=12$ |

照学习原来音节组所用时间计算，节省量是5％。

由于对一个音节组学习的结果，在各项之间，犹如前进顺序的联结一样，事实上也形成了相反方向的联结。这些联结以下列方式表露出来：以颠倒顺序改组的音节组比较用同样熟悉的、但以前没有按一定顺序联系起来的音节形成的音节组，学习起来要容易得多。这样建立的趋向的强度也依各项在原来系列中的距离为转移。但是，如果距离相等，反向联结的强度是弱于前向联结的。经过对音节组大致同样次数的诵读，根据我们的少数研究的结果，音节组中一项和在它前面一项的联结不如和在它后面一项的联结密切；和在它前面第二项的联结还不如和在它后面第三项的联结巩固。

如果我们能假定从音节组中找到的这些依存关系具有一些更普遍的有效性，我相信，上面所说的那些互相矛盾的经验就可得到彻底的理解。如果一个系列只包括两个项目，像一个动作的观念和一个愉快的感觉的观念的联结，经过经常的重复，后面一项获得一种强烈的引起前面一项的趋势，事实上也就可以把它招引出来；因为经过多次重复后，后面一项获得引起前面一项的趋向，是唯一可能的事情。但是在一个长的系列中，不论经过多少次的重复，如果中间一项被唤起以后，全部系列决不会以颠倒的顺序再现。因为在一个项目被唤起的时刻，在它前面的一项就是比较容易地和它联系着，但在它后面的一项却远较更易于出现，只要不受其他影响的干扰后面一项总会赢得胜利。

不论一个人如何熟练地学习了希腊字母，他不经进一步的训练，他也不会流利地依颠倒次序背诵出来。但是如果他有机会有目的地学习颠倒顺序的字母表，他可能比原来照正常顺序学习时花费更少的时间。但是如果说对于已经成诵的诗或讲演稿，以颠倒顺序来学，也会比原来学习时快得多，如其不然，上述论点也不能成立，这种反对的理由是不能成立的；因为在学有意义的材料时，有种种有内部联系的线索，因之学习很快，若颠倒过来学习，这些线索就完全无效了。

## 第41节　间接顺序的联想对复习次数的依存性

由于多次重复的结果，在一个观念系列或音节组中，紧接的项目之间建立的联系是复习次数的一种函数。在第六章所报告的目的为探索这种依存关系的研究中，结果表明，在相当广泛的范围内，由复习建立的联结的强度和复习次数是有着一种大致的比例关系的。联结的强度，也正像在本章的研究中一样，是用在24小时后重学有关的系列所节省的工作量来测量的。

如果由于重复的结果，在并非直接相互连接的项目之间也建立了联系，这种联系的强度自然也在一定程度上依赖于复习的次数。这里提出一个问题：在这种情况下不同的依存性是如何表现的？这里也有一种比例关系存在吗？如果复习的次数增加，在一个能够背诵的音节组中，联系各个项目的不同强度的联结之绳以同样的比例增加强度吗？还是像那联结的绳索本身的强度不同一样，强度增加的速度和性质也都不同呢？根据我们现在所有的知识，这两种可能没有哪一种是理所当然的。

为了促进对实际情况的了解，我以下列方式做了几个初步的实验。对6个各有16个音节的音节组，注意地诵读16次或64次，巩固地记忆下来。把音节组又用间隔一个音节的方式进行改组，在24小时之后，学习同样数目的改组后的音节组，达到

第一次能够背诵。为了使这项研究还适合于其他目的,改组音节组的方式和前述的(第36节)略有不同。两种方式的不同在于在现在的改组方式中,原来组中奇数音节之后不是同一组中的偶数音节,而是两个原来音节组中的奇数音节组成一组,原来两组中的偶数音节组成另一组。所以,以前所用的改组方式是:

Ⅰ(1)Ⅰ(3)Ⅰ(5)……Ⅰ(15)Ⅰ(2)Ⅰ(4)……Ⅰ(16)
Ⅱ(1)Ⅱ(3)Ⅱ(5)……Ⅱ(15)Ⅱ(2)Ⅱ(4)……Ⅱ(16)

而现在的方式是:

Ⅰ(1)Ⅰ(3)Ⅰ(5)……Ⅰ(15)Ⅱ(1)Ⅱ(3)……Ⅱ(15)
Ⅰ(2)Ⅰ(4)Ⅰ(6)……Ⅰ(16)Ⅱ(2)Ⅱ(4)……Ⅱ(16)

改组方式的变化对于学习改组后的音节组不会发生重大的影响。在这里和应用原来方式改组的音节组中一样,在原来音节组中相隔一个音节的项目,在24小时后重学时变成互相连接的。

对每种复习次数我都用了8个复式试验,结果如下:

| 学习原来音节组时诵读次数 | 24小时后学习改组后的音节组(包括背诵)所用时间(秒) |
| --- | --- |
| 16 | 64 |
| 1178 | 1157 |
| 1216 | 982 |
| 1216 | 1198 |
| 950 | 1148 |
| 1358 | 995 |
| 1019 | 1017 |
| 1191 | 1183 |
| 1230 | 1196 |
| 平均: 1170 | 1109 |
| 机误: 30 | 22 |

由于实验的数目太小,不幸所得的平均数不很准确;但是就是平均数的误差等于全部机误的范围,结果的一般性质还是一样的。如果和以前学习6个各有16个音节的新音节组时所得结果(第23节)相比,现在所得结果的意义就更清楚了。以前结果中第一次学习用时1270秒。在现在学习中,对原来音节组诵读16遍,学习改组后的音节组时节省时间约为100秒;对原来音节组诵读64次,节省约为161秒。诵读次数增至4倍,节省的增加只稍超过$\frac{1}{2}$。中间隔有一项的项目之间的联结强度的增加,显然和诵读次数不是成比例的,和互相紧邻的项目之间的联结强度的变化是不相同的。诵读次数对于间接顺序的联想的影响比对于直接顺序联想的影响是递降更早、更快的。

　　现在得的结果和以前在第一天学习原来音节组学到第一次能够背诵,第二天学习改组后的音节组所得结果(第37节,表一)极为相似,两次试验的步骤中都是没有排除知悉结果的。上次实验的条件,当然,还是有些不同的。首先,第一次学习时诵读的次数不是固定的,而是达到第一次能够背诵所需要的次数,平均起来,大致是32次。其次,如上所述,改组音节组的方式也是有差别的。但是这些差别,对于获得的数量结果是没有什么重要影响的,不然它们也就说不上是多么精确了。所以我把这些数字和第六章关于诵读次数对于重学原来音节组的影响的结果,加以比较,形成下表:

| 诵读次数 | 24小时后学习原来音节组所用时间（秒） | 24小时后学习用隔一个音节改组的音节组所用时间（秒） | 学习原来音节组节省时间（秒） | 学习改组的音节组节省时间（秒） | 学习改组的音节组节省时间为学习原来音节组节省的百分比（%） |
| --- | --- | --- | --- | --- | --- |
| 0 | 1270 | | | | |
| 16 | 1078 | 1170 | 192 | 100 | 52% |
| 32 | 863 | 1121 | 407 | 149 | 37% |
| 64 | 454 | 1109 | 816 | 161 | 20% |

我再提请注意：上列数据中有的部分是不够精确的，这些数据也都是在很有限制的条件下获得的。但是还是可以允许把它们加以总结概括，对这些结果加以理论推敲，使之成为对于一些很重要的内部过程的最可能的解释，使我们的知识中直到现在还是空白的地方得到满意的填充。

对于一种观念系列，经过多种多样的重复，在内部留下痕迹并得到巩固以后，在这一系列的各个成员之间就形成各样的内部联结、联系。这种联结的性质表现为：各个项目这样联结起来形成的系列，比较同样的但以前没有联系的项目形成的系列，更容易记起来，更容易复现。也可以对它们的性质作如下说明：当系列的一项复现在意识中时，它就有把其他项也带到意识中来的确定的趋势。这些联结或趋势，从几方面看，强度都是不同的。在原系列中距离较远的项目之间的联结比距离较近的项目间的联系弱一些；在一定的距离间反向联结比前向联结要弱一些。联结的强度随着复习的次数而增加。但是原来在邻近的项目间的较强的联系比远离的项目间较弱的联系增强得更为迅速。所以复习的次数越增加，紧相连接的项目间的联结，绝对地说和相对地说都是变得越强。一个项目在意识中重现时，把在复习中在它后面紧邻的一项也唤起来的趋势,也就以同样的程度变得更为垄断、更占优势。

## 第 42 节　联结的间接强化

最后我再提出在上节报告的研究中偶然出现的、值得注意的一种事实。由于考虑到数量结果的确实性不高,我提起注意它,也还是持相当的保留态度的。但是我不能对它置之不理,因为它本身是可能的,并且若经进一步证实,它对于实际存在但是没有意识到的内部过程可以给予一些特殊的阐明。正如我在前面说过的(第 24 节),这些过程和同时的意识活动是互相独立的。

在上述的研究中改组音节组的方式,如前所述,是以下述方式进行的:从随机选择的两个各有 16 个音节的音节组中,把所有奇数音节合并起来成为一组,所有偶数音节合并成为另一组,使用时两组前后相接。在一个试验中使用 6 个音节组时,改组后的音节组中,第二个组里的音节都是原来学习时紧在第一个组中各有关音节的后面一个音节。改组后的第四个组和第三个组,第六个组和第五个组的关系,都是如此。发生了下述的现象,这就是我愿意提请注意的一种特殊的关系。在学习第二、第四和第六个组时平均比第一、第三、第五用的时间少,而在其他实验中,不论是学习原来的还是学习改组后的音节组,情况都是相反。

我举出一些数据证明这种关系。

随机选了两个时期内所做的各 10 个实验,每个实验包括学

习 6 个各有 16 个音节的音节组到第一次能够背诵。我把识记第一、第三、第五音节组所用的时间合并计算，识记第二、第四、第六音节组的时间也合并计算，表列如下：

1

| Ⅰ、Ⅲ、Ⅴ音节组所用时间，A | Ⅱ、Ⅳ、Ⅵ音节组所用时间，B | △（B－A） |
|---|---|---|
| 467 | 790 | 323 |
| 544 | 666 | 122 |
| 662 | 704 | 42 |
| 548 | 668 | 120 |
| 523 | 539 | 16 |
| 475 | 657 | 182 |
| 612 | 753 | 141 |
| 853 | 548 | －305 |
| 637 | 641 | 4 |
| 499 | 780 | 281 |
| 平均：582 | 675 | 93　$P.E.m=\pm 37$ |

2

| A | B | △ |
|---|---|---|
| 488 | 694 | 206 |
| 604 | 704 | 100 |
| 551 | 734 | 183 |
| 596 | 637 | 41 |
| 559 | 686 | 127 |
| 611 | 744 | 133 |
| 653 | 682 | 129 |
| 598 | 700 | 102 |
| 723 | 606 | －117 |
| 643 | 678 | 35 |
| 平均：603 | 687 | 84　$P.E.m=\pm 20$ |

把两个时期中各 10 个实验的结果平均来看,识记第二、第四、第六组用的时间是相当数量地超过了识记第一、第三、第五组所用的时间。从各个实验来看,差异是不同的,在两个时期各有一个实验的数值是负号的;这些波动情况也在平均差异的较大的机误中表现出来;虽然机误相当大,但这种差别的性质还可以认为是很清楚的。

在所有其他的研究中则有下列的结果:从各个个别实验看,差异的波动都是相当大的;但把几个实验的结果合并起来,第二、第四、第六组的结果总是明显地占优势的,虽然差别不及上述两组实验结果中那样显著。在早先的 11 个试验中,由间隔一个音节改组音节组,学习原来的音节组一天后学习改组的音节组(第 37 节,表一),结果如下:

Ⅱ,Ⅳ,Ⅵ 各组所用时间—Ⅰ,Ⅲ,Ⅴ 各组所用时间 $=33(P.E.m=23)$。

在稍晚一些做的 6 个同样的试验(第 38 节,表一):

Ⅱ,Ⅳ,Ⅵ 各组所用时间—Ⅰ,Ⅲ,Ⅴ 各组所用时间 $=42(P.E.m=29)$。

在 10 个实验中,音节组不变,第一天诵读 16 次,第二天重学(第 23 节,表一):

Ⅱ,Ⅳ,Ⅵ 各组所用时间—Ⅰ,Ⅲ,Ⅴ 各组所用时间 $=17(P.E.m=21)$。

还有其他材料,不再列举。

由于机误都是相当大的,上列个别的数字是没有什么重要

意义的。但由于差异的性质的一致性,它们表现的可能性就大为增加了。根据第 18 节所报道的研究结果,这种现象也是完全可以理解的。那里的研究材料表明,特别是在学习 16 个音节的音节组时表现得更为清楚,对单个音节组的学习,有一种相当规律的波动性。它表现在一个相对地学习较快的音节组之后,随之一个学习较慢的;在较慢的之后,又有较快的(第 18 节,图 3)。因为在一个实验中,第一组平均常是学习最快的,第二组常是最慢的;第一、三、五组的平均也常是最低的,第二、四、六组的平均常是最高的。所以由第二、四、六组的平均减去第一、三、五组平均所得的差数,也就常是正数。

而在上节所报道的两组的试验中所获得的相应的差数是负号的,这不能不引起惊奇。

表一  在前一天诵读原来音节组 16 次,学习改组后的音节组的结果

| Ⅰ、Ⅲ、Ⅴ音节组所用时间,A | Ⅱ、Ⅳ、Ⅵ音节组所用时间,B | △(B－A) |
| --- | --- | --- |
| 656 | 522 | －134 |
| 702 | 514 | －188 |
| 603 | 613 | 10 |
| 450 | 500 | 50 |
| 662 | 596 | 34 |
| 560 | 459 | －101 |
| 588 | 603 | 15 |
| 637 | 593 | －44 |
| 平均:607 | 562 | －45<br>$P.E. m \pm 21$ |

表二　在前一天诵读原来音节组 64 次,学习改组后的音节组的结果

| A | B | △ |
|---|---|---|
| 515 | 642 | 127 |
| 567 | 415 | −152 |
| 626 | 572 | −54 |
| 588 | 560 | −28 |
| 543 | 452 | −91 |
| 539 | 478 | −61 |
| 584 | 599 | 15 |
| 592 | 604 | 12 |
| 平均：569 | 540 | −29<br>$P.E.\ m \pm 20$ |

在这里每个实验中的数量结果的波动性也是很大的。但是不用进一步比较,一眼望去就可看出来,负号的差别占着很大的优势。这由平均数中也可以表现出来,和以前所得的结果相反,学习第二、四、六各组所用的时间比第一、三、五各组所用的为短。

这种例外情况可能出于纯粹的机遇,但可能性并不是很大的。虽然机误相当大,但没有大到可以表明差异只是由于机遇。

立刻我就担心恐怕这是由于常提到的一种误差的来源,即对结果的预期(第 14 节,第 38 节),所产生的干扰所致。在实验的过程中,我越来越确信,可以预料学习第二、四、六各组要用较少的时间。就是由于我想到这类的事情,所以我改变了改组音节组的方法。所以我不能排除下述的可能：由于这种隐蔽的趋向,就不自觉地在学习第二、四、六各组时比学习第一、三、五各组时较高度地集中了注意。但是不能认为这种假设是正确的。如果把全部的差异都归之于这类错误的影响,那就把由于隐蔽的期望不随意地和完全不自觉地调整注意的作用估计过高了。

当然,还有第三种可能性,就是平均差异的不同至少应当有其客观的基础:第二、四、六各组所以学习较快部分是由于音节组改组方法上的特点。

只有引用了生理学的概念,才会打开解释这种因果关系的正确途径,而这种概念又须首先建立或者重新建立。如果用心理学的语言,那么像对一切的无意识的过程一样,说明只能是比喻性的、不确切的。

由于对原来的音节组学习到能够背诵,我们必须认为各个音节都很好地保留着,当它在意识中重现时有把在它后面的音节也带动起来的强烈的趋向。所以当第一、三、五个音节等在意识中重复时,第二、四、六个音节等也就有出现的趋势。这种趋向并不够强烈,不能使第二、四、六音节的出现成为意识到的实际事实。这种趋向只表现为内部的一种兴奋状态:如果第一、三、五音节不重复出现,就不会发生的一些情况。它们正像人正努力回忆的一个遗忘已久的名字。它不是在意识中存在的,正相反,意识正在寻找它。但是它又是不可否认地在一定方式下存在着的。我们可以说,它正在到意识中来的途中。如果和以前经验过的名字有联系的各种各样的观念都被唤起,回忆的人就可知道它们是否符合于正在思索而尚未找到的那个名字。由于经常的重复,第一、三、五各音节先前已经和第二、四、六各音节建立了联系,后面这些音节就处在同样轻微的但是显然的兴奋的状态,好像处在一端是在意识中出现一端是完全不会出现的中间。现在从我们的试验看来,这种兴奋和实际在意识中出现是很相似的结果。在内部连续地唤起的音节之间,和实际在意识中连续出现的音节之间一样,可以建立内部的联结,不过前者自然地较弱而已。隐蔽的联结之丝已经把尚未被意识地唤起的第二、四、六各个音节缠绕起来,为它们准备了在意识中出现的途径。由于对原来音节组的学习,这种联结之丝已经存在并具有相当大的强度;现在的效果不过是对原已建立的联结进一步的增强。这里除了我们以前已经看到的以外,没有另外的东西:如果第一,三,五……和第二,四,六……两个音节是经常在意识中联系的话(在学习原来的音节组时),在学习第一种组合(Ⅰ,Ⅲ,Ⅴ各组)之后很快学习第二种组合(Ⅱ,Ⅳ,Ⅵ各组),后者比前者学起来更容易。不仅由于在意识中重复有联系的各项而直接地增强了联结,也由于在意识中重复其他与有关项经常有联系的项目而使联结得到间接的增强。

对问题的这种看法是下述假定的结果:在比一次明确的意识活动所能把握的更多的、为中间项间隔的项目之间(**参看第39节**)可以形成联想的结合。这些联结对于解释记忆和回忆中许多奇特的现象是很有成效的,但由于它们的经验的根据还不很确实,现在我不愿由此走得更远。